中国动物疫病预防控制中心
（农业农村部屠宰技术中心）◎ 主编

宰好猪 吃好肉

博士、教授带您领略生猪屠宰加工全过程

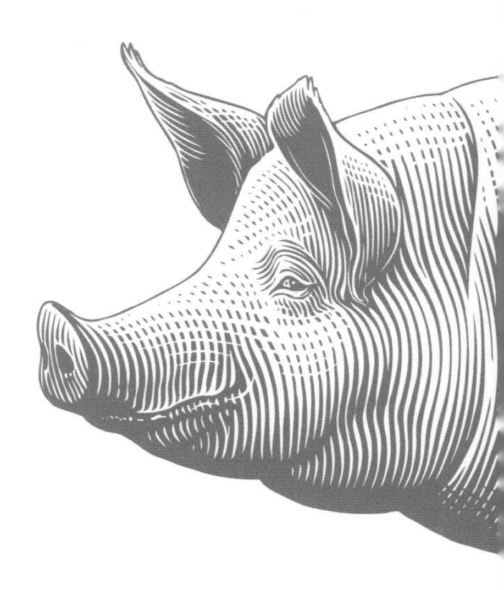

化学工业出版社
·北京·

内容简介

本书由“肉博士”带领大家由远及近，由整体到局部，由宏观到微观，罗列出生猪屠宰100问。这些问题涉及屠宰厂选址与厂区环境，屠宰车间与设施，屠宰与加工过程，猪肉包装、储藏与运输，安全肉基本知识，共5大部分。编者依据安全肉生产的法律、法规，从专业的角度，用科学、通俗的语言和生动的插图对其进行了解读和说明，以便公众对安全猪肉有更准确、科学、系统、清晰的认知。

图书在版编目（CIP）数据

宰好猪　吃好肉/中国动物疫病预防控制中心（农业农村部屠宰技术中心）主编. —北京：化学工业出版社，2020.6（2023.8重印）

ISBN 978-7-122-36533-0

Ⅰ.①宰…　Ⅱ.①中…　Ⅲ.①肉制品-食品加工-问题解答②猪肉-食品加工-问题解答　Ⅳ.①TS251.5-44

中国版本图书馆CIP数据核字（2020）第052539号

责任编辑：刘志茹　宋林青　　　装帧设计：尹琳琳
责任校对：赵懿桐

出版发行：化学工业出版社（北京市东城区青年湖南街13号　邮政编码100011）
印　　装：北京宝隆世纪印刷有限公司
880mm×1230mm　1/32　印张5　字数107千字
2023年8月北京第1版第2次印刷

购书咨询：010-64518888　　　售后服务：010-64518899
网　　址：http://www.cip.com.cn
凡购买本书，如有缺损质量问题，本社销售中心负责调换。

定　　价：49.80元

编审委员会

主　　任：陈伟生

副 主 任：冯忠泽　高胜普

主　　审：周光宏　谷　红

编写委员会

主　　编：冯忠泽

副 主 编：高胜普　王远亮　尤　华　李春保　冯玉建

编写人员（按姓名汉语拼音排序）：

冯玉建　冯忠泽　高胜普　侯文博　李春保

李林孖　孟庆阳　孟　伟　闵成军　乔　斌

曲　萍　孙京新　孙夕华　汤晓燕　王传花

王洪伟　王琳琳　王永林　王远亮　尤　华

张德权　张邵俣　张新玲

序

畜禽屠宰产业是重要的民生产业，肉品的质量安全关系到人民的身体健康，关系到经济的发展和社会的稳定。我国是传统的猪肉生产和消费大国，猪肉已成为我国城乡居民最主要的动物蛋白摄入来源，约占到居民肉类消费的60%。当前我国加强了畜禽屠宰的监管力度，新修订的《生猪屠宰管理条例》已实施，在此重要时刻编写出版科普图书《宰好猪 吃好肉》，很有意义，可喜可贺。

我国畜禽屠宰历史悠久，甲骨文《卜辞》中便记载了殷商时期原始的屠宰方式，畜类宰杀后的保鲜与冷藏在周代已初具规模，并在《周礼》中有所记录，《诗经》则记载了吃猪肉的生动场景。然而，近现代以来，相比于世界发达国家而言，我国生猪屠宰行业整体发展速度相对较慢。建国初期，屠宰方式还主要以手工为主，“一把刀、一口锅”的屠宰现象普遍。随着我国生猪屠宰生产经营模式的不断改变和监管力度的不断增强，尤其是1997年国务院颁布《生猪屠宰管理条例》，实行了生猪定点屠宰、集中检疫制度以后，屠宰行业水平有了大幅提升。近年来，我国连年开展生猪屠宰专项整治行动，出台了一系列屠宰政策、技术标准和规范，我国在生猪屠宰加工领域的科研与应用方面也取得丰硕的成果，屠宰加工技术水平大幅提升。这些都有力地规范了生猪屠宰行为，提高了生猪产品质量，也推动我国的生猪屠宰企业逐步由“多、小、散、乱、差”向“集中化、规范化、标准化、品牌化、现代化”的发展之中。

与此同时，随着人们生活水平的不断提高，人民群众对猪肉等肉食的消费需求也不断增加，除了“够吃”“吃好”之外，也想了解好的肉是怎么来的。那么，到底我国对生猪屠宰行业管理的政策是什么？屠宰厂的建设布局和设施设备要求是什么？安全的猪肉是怎样生产出来的？怎样选购安全营养的猪肉产品？本书中，农业农村部屠宰技术中心组织的一批专家学者用科学、通俗的语言，配以生动活泼的插图，告诉您生猪屠宰加工全过程背后的故事。

本书的出版将有利于社会公众正确认识生猪屠宰加工和猪肉产品安全消费问题，增强公众的辨知能力，消除消费者的理解误区，对普及生猪屠宰与肉类食品安全知识起到积极的推动作用。

中国畜产品加工研究会会长

南京农业大学教授

周光宏

前言

习近平总书记强调，农产品和食品安全问题，是底线要求。安全农产品和食品，既是产出来的，也是管出来的，但归根到底是产出来的，要加强源头治理，健全监管体制，把各项工作落到实处。21世纪以来，中国已逐步进入小康社会，居民生活水平日益提升，肉类食品在居民消费结构中的比例上升，肉类食品安全问题开始受到空前关注。猪肉一直是我国肉类消费的主体，一头猪怎样变成猪肉，猪肉是怎样产出来的，本书为您一一道来。

本书带领大家由远及近，由整体到局部，由宏观到微观，罗列出日常生猪屠宰100问。本书整体上按照参观生猪屠宰厂的顺序，介绍了猪肉从生猪进厂到产品出厂消费的全过程，具体包括5部分：一是生猪屠宰厂的选址与厂区环境，介绍了屠宰厂选址、厂区环境和从业人员要求等内容；二是屠宰车间与设施，重点介绍进入屠宰厂生产区后，各屠宰车间的布置、设施设备的配备等内容；三是屠宰与加工过程，包括生猪屠宰、分割、检验检疫等内容；四是猪肉的包装、储藏与运输；五是安全肉的基本知识，即屠宰加工后的各种猪肉产品的特性、消费选择等内容。

本书编写人员大多具有高级职称或博士学位。各位专家依据生猪屠宰加工的法律、法规和标准，从专业的角度，用科学、通俗的语言进行解读和说明，力图消除公众对猪肉生产的疑虑、困惑和不解，以便对猪肉的安全有更准确、科学、系统、清晰的认知。

本书是国内首本系统介绍生猪屠宰和肉品消费的科普图书，图文并茂，形式新颖，通俗易懂，既可作为社会大众了解生猪屠宰加工的科普读物，也可供生猪屠宰从业人员、行业管理人员和有关大专院校师生参考使用。

本书的编写过程中，得到了全国畜禽屠宰质量标准创新中心、湖南农业大学、南京农业大学、华宝食品股份有限公司等单位领导、专家与科研人员的大力支持与配合。周光宏教授在百忙之中亲笔拨冗作序，为本书增光添彩。在此，表示衷心的感谢！并向本书所引用标准与资料的作者、参与和关心支持本书编写的朋友表示深深的谢意。

限于编者能力，缺点、不足、疏漏在所难免，诚挚期望广大读者批评指正。

编　者

2021年8月

“肉博士”给您讲解安全肉的生产过程：

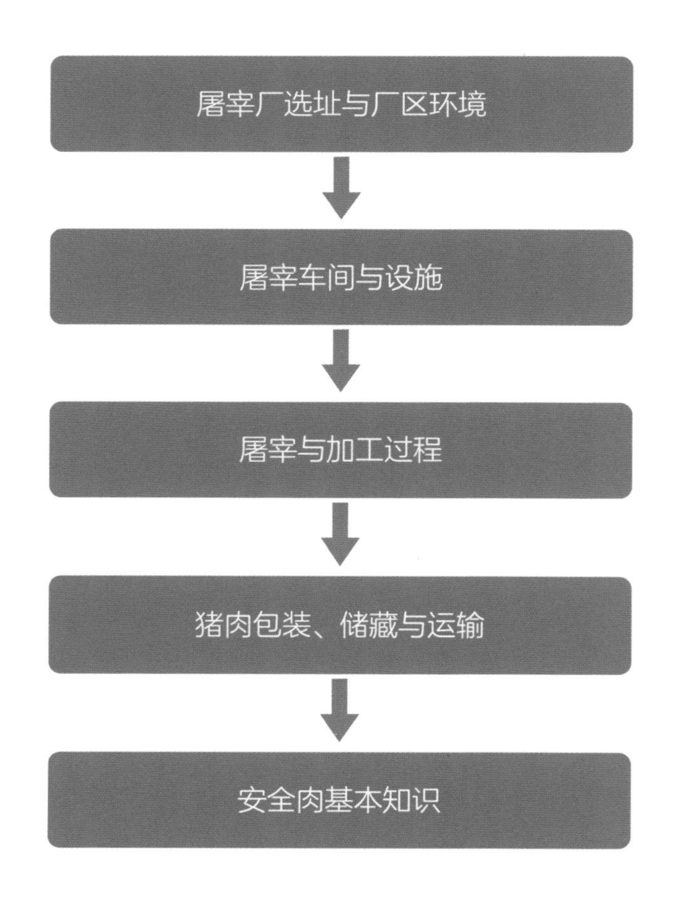

目录

第一部分 屠宰厂选址与厂区环境

第二部分
屠宰车间与设施

第三部分
屠宰与加工过程

第四部分 猪肉包装、储藏与运输

第五部分
安全肉基本知识

第一部分

屠宰厂选址与厂区环境

1 我国为什么要实行生猪定点屠宰？

为了加强生猪屠宰管理，保证生猪产品质量安全，保障人民身体健康，我国于1997年12月发布《生猪屠宰管理条例》，实行**生猪定点屠宰、集中检疫制度**。未经定点，任何单位和个人不得从事生猪屠宰活动；但是，农村地区个人自宰自食的除外。实施生猪定点屠宰，将生猪屠宰管理纳入了法制化轨道，对规范生猪屠宰行为，取缔私屠滥宰，确保上市肉品质量安全起到重要作用。

《生猪屠宰管理条例》先后经过四次修订，现行版本是经2021年5月19日国务院第136次常务会议修订通过的。

2022年发布实施的《中华人民共和国畜牧法》也强调了生猪定点屠宰制度。

2 屠宰厂的设立应当具备哪些条件？

省、自治区、直辖市人民政府农业农村主管部门会同生态环境主管等有关部门制订生猪屠宰行业发展规划，设区的市级人民政府根据生猪屠宰行业发展规划，组织农业农村等有关部门，依照《生猪屠宰管理条例》规定的条件进行审查，经征求省级农业农村主管部门的意见确定，颁发生猪定点屠宰证书和生猪定点屠宰标志牌。拟设立生猪定点屠宰厂的，申请人在开工建设前可以就项目选址等事项是否符合省级生猪屠宰行业发展规划，以书面形式咨询设区的市级人民政府农业农村主管部门。

生猪定点屠宰厂应当具备下列条件：有与屠宰规模相适应、水质符合国家标准规定的水源条件；有符合国家规定要求的待宰间、屠宰间、急宰间、检验室以及生猪屠宰设备和运载工具；有依法取得健康证明的屠宰技术人员；有经考核合格的兽医卫生检验人员；有符合国家规定要求的检验设备、消毒设施以及符合环境保护要求的污染防治设施；有病害生猪及生猪产品无害化处理设施或者无害化处理委托协议；依法取得动物防疫条件合格证明。

3 屠宰厂的设立程序是什么？

申请设立生猪定点屠宰厂，应当向设区的市级人民政府提出书面申请，并提交符合《生猪屠宰管理条例》规定的生猪定点屠宰厂应当具备条件的有关技术资料、说明文件。通常，申请资料主要包括：申请书、发展改革部门意见、规划部门意见、国土使用证明、环评报告、动物防疫条件合格证明、水源水质合格证明；可行性报告和设计方案、

工艺流程图、厂区平面布局图、车间平面图、设施设备清单、屠宰技术人员健康证明、经考核合格的兽医卫生检验人员相关证明、屠宰质量管理制度和各种记录样本等。

经设区的市级农业农村主管部门审核，符合设立条件的，报请地级市人民政府审定后，方可开工建设。项目建设竣工后，需进行现场验收。市政府经公示、公告无异议后，确定颁发生猪定点屠宰证书和标志牌。

4 为什么生猪定点屠宰厂（场）要远离居民住宅区？

为了防止疫病传播，保障肉品安全，生猪定点屠宰厂（场）（本书后文统称为屠宰厂）应具备国家规定的动物防疫条件，取得《动物防疫条件合格证》。该证的发证机关要对屠宰厂选址进行风险评估，依据

生猪定点屠宰厂鸟瞰图示例

场所周边的天然屏障、人工屏障、行政区划、饲养环境、动物分布等情况，以及动物疫病的发生、流行状况等因素实施风险评估，根据评估结果确认选址距离。

卫生防护距离在生猪定点屠宰厂选址中也十分重要。卫生防护距离是产生有害因素的部门（生产车间和作业场所）的边界至对大气污染比较敏感的区域（包括居民区、学校和医院）边界的最小距离。

考虑到工业化生产的需要，目前很多规模化屠宰厂的卫生防护距离远远大于该标准的规定，很多大型生猪屠宰厂均远离主城区。

5 参观人员进屠宰厂时，为何看不到运猪的车？

为保证食品安全，防止活畜禽、废弃物等污染肉品，生猪定点屠宰厂厂区至少应设立两个出入口。生产区必须单独设置活畜禽与废弃物的出入口，产品和人员出入口需另设，且产品与活畜禽、废弃物在厂内不得共用一个通道。

因此，参观人员由人员出入口进入厂区，该出入口通常是远离活畜禽出入口的，故而参观人员在进厂时是看不到活猪的，也看不到运猪的车辆。

6 屠宰厂选址有哪些要求?

屠宰厂应远离供水水源地和自来水取水口，其附近应有城市污水排放管网或允许排入的最终受纳水体。厂区应位于城市居住区夏季风向最大频率的下风侧。

厂址周围应具有良好的环境卫生条件。厂区应远离受污染的水体，避开产生有害气体、烟雾、粉尘等污染源的工业企业或其他产生污染源的地区或场所。

屠宰厂还必须具备符合要求的水源和电源，其位置应选择在交通运输方便、货源流向合理的地方，根据节约用地和不占农田的原则，结合加工工艺要求因地制宜地确定，并应符合规划的要求。

7 屠宰厂如何设计才能保证肉品安全？

为保证肉品安全，进行厂区设计时，首先将生产区与非生产区分开；生产车间平面布局应符合各项要求，包括工艺流程、检疫检验等。另外，功能区应按照工艺流程划分明确，使人流、物流互不干扰。清洁区与非清洁区应保持分隔，以避免交叉污染。屠宰清洁区与分割车间不应设置在无害化处理间、废弃物集存场所、污水处理站、锅炉房、煤场等建（构）筑物及场所的主导风向的下风侧，其间距应符合环保、食品卫生以及建筑防火等方面的要求。同时也应设有病害生猪及生猪产品的无害化处理设施，或委托具有资质的专业无害化处理机构开展无害化处理。

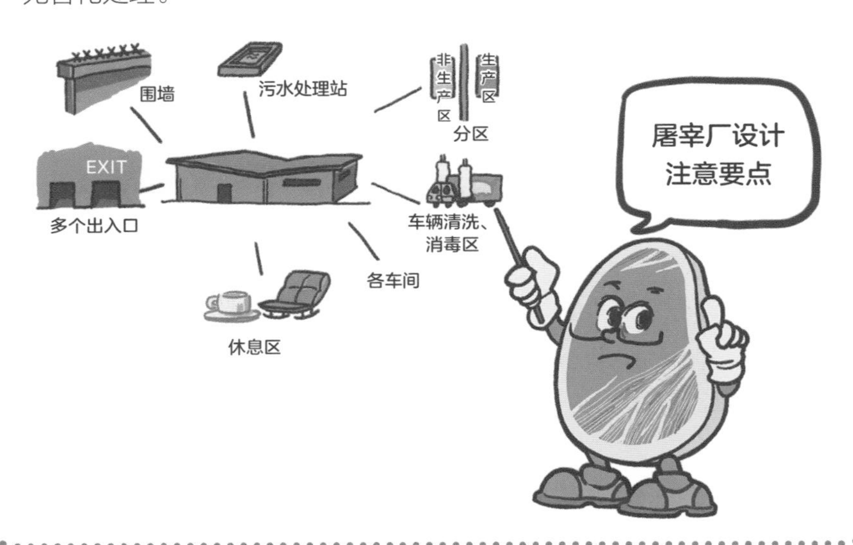

8 屠宰厂环境卫生有哪些要求？

根据食品安全生产的有关要求，屠宰厂厂区内部不得有污染源，厂区内建筑物周边、主要道路与生产车间之间的空地要设置绿化带，但绿化带与车间周边、道路需要硬化，达到易冲洗、不积水的要求，同时也能够防鼠、防虫，满足动物防疫的要求。

9 所有生猪都可以进厂屠宰吗？

不是的。

按照《中华人民共和国动物防疫法》《生猪屠宰管理条例》的要求，进入生猪定点屠宰厂屠宰的生猪，应当依法经动物卫生监督机构检疫，并附有动物检疫证明。无动物检疫合格证明的生猪一律不得进厂屠宰。

外来人员可以到屠宰车间内近距离参观吗?

为保障肉品安全，生猪屠宰车间通常实行相对封闭制度，非车间生产人员原则上不得进入车间内部，而只能走参观通道。即使是同厂生产人员，其工作岗位也相对固定，不能在生产过程中穿走于不同的车间，且同厂人员不同岗位人员着装亦有严格规定。

一般外来人员不允许进入车间内部近距离参观。如其健康状况符合相关要求，经批准后，可进入生产车间，但必须穿工作服、工作靴，戴工作帽、口罩，头发不外露。进车间必须消毒洗手，在生产区域不得进行影响肉品质量的活动，不得用手触摸肉品，更不能碰触设备，并远离设备和操作人员，以确保安全。

第二部分

屠宰车间与设施

11 屠宰厂这么多建筑都是什么?

屠宰厂的建筑物按照生产区和非生产区分别设置。生产区各车间的布局与设施应满足生产工艺流程和卫生要求。车间内部清洁区与非清洁区应分隔。生产区的主要建筑如下。

验收场所：活猪进厂的检验接收场所。

待宰间：宰前停食、饮水、冲淋和宰前检验的场所。

隔离间：隔离可疑病猪，观察、检查疫病的场所。

急宰间：屠宰病、伤猪的场所。

屠宰车间：从致昏刺杀放血到加工成二分胴体（片猪肉）的场所。

分割车间：剔骨、分割、分部位肉的场所。

副产品加工间：生猪屠宰后产生的脏器以及头、蹄、尾等加工整理的场所。

冷却间：对产品进行冷却的房间。

冻结间：对产品进行冻结工艺加工的房间。

实验(化验)室：用于进行生猪及其产品检验检疫分析实验的场所。

官方兽医室：官方指定驻场兽医的工作场所。

无害化处理间：对屠宰前确认的病死动物、屠宰过程中经检疫或肉品品质检验确认为不可食用的动物产品进行化制等无害化处理的场所。

生产区的主要建筑：

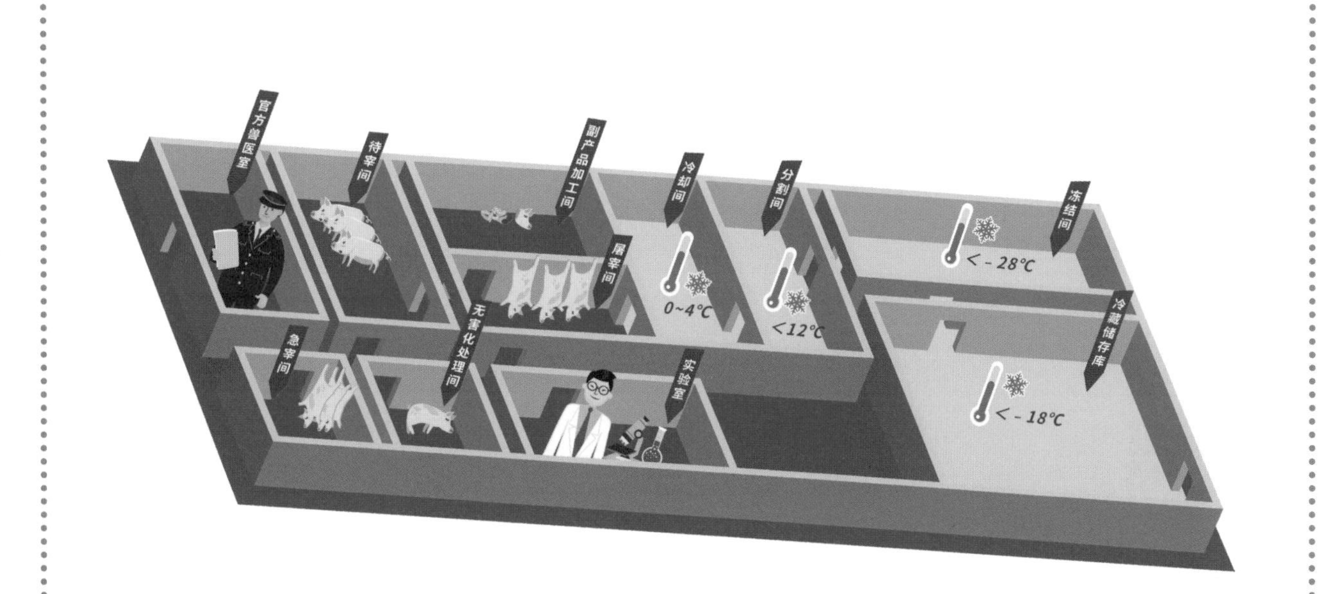
官方兽医室
待宰间
副产品加工间
冷却间
分割间
冻结间
屠宰间
0~4℃
<12℃
< -28℃
冷藏储存库
< -18℃
急宰间
无害化处理间
实验室

屠宰厂车间内外这么多设施分别是做什么的？

生猪定点屠宰厂的设施可以分为宰前设施、屠宰设施、无害化设施、清洗消毒设施和必要的辅助设施，以及冷库、装卸平台等。

宰前设施：包括卸猪站台、赶猪道等。

屠宰设施：主要指屠宰车间内的设施，包括通风设施、供水系统、污水排放系统、照明设施、废气排放设施、废弃物临时存放设施等。

清洗消毒设施：在车间的进口处及车间内部的适当位置设冷热水洗手设施，并备有清洁剂和一次性纸巾。车间内应设有器具、容器清洗、消毒设备，由无毒、耐腐蚀、易清洗的材料制作。

职工生活设施：包括更衣室、休息室、淋浴室、卫生间等。

无害化设施：一般是指无害化处理间及其无害化处理设施设备。

屠宰厂生产区各车间的布置应满足什么要求?

生产区各车间的布局与设施应满足生产工艺流程和卫生要求。车间清洁区与非清洁区应分隔，以避免交叉污染。

宰前设施中卸猪台因不同卸猪地点而有不同的长、宽、高要求，卸猪台附近设置验收间，地磅四周设置围栏，磅坑内设地漏，便于操作与卫生清洁。

屠宰车间、分割车间的建筑面积与建筑设施应与生产规模相适应。屠宰车间一般要求单层，层高不低于5米，车间柱距不少于6米，车间内各加工区应按生产工艺流程划分明确，人流、物流互不干扰，并符合工艺、卫生及检疫检验要求。

食用副产品加工车间的面积应与屠宰加工能力相适应，设施设备应符合卫生要求，工艺布局应做到不同加工处理区分隔，以避免交叉污染。

此外，为保障肉品质量，各车间温度、光照、通风都有相关具体要求。

屠宰车间在进行内部设计时是如何保证卫生要求的？

屠宰车间的布局与设施应满足生产工艺流程和卫生要求：车间要有温度控制设施，用水要符合GB 5749—2022《生活饮用水卫生标准》的要求；地面不应有积水，车间内排水流向应从清洁区流向非清洁区，要设计明沟排水，其出水口有防鼠、防臭的设施；应有良好的通风、排气装置，及时排除污染的空气和水蒸气；更衣室、洗手、卫生间、厂区、车间等都要有清洗消毒设施；此外，各车间与储藏库也要有防霉、防鼠、防虫的设施。

15 屠宰厂的供水有何要求？

生猪屠宰与分割车间生产用水应符合GB 5749—2022《生活饮用水卫生标准》的要求，企业应对用水质量进行控制。屠宰与分割车间根据生产工艺流程需要，应在用水位置分别设置冷、热水管。清洗用热水温度不宜低于40℃，消毒用热水温度不应低于82℃。急宰间及无害化处理间应设有冷、热水管。加工用水的管道应有防虹吸或防回流装置，供水管网出水口不应直接插入污水液面。

16 屠宰厂污水排放有哪些要求？

按照国家有关规定，规模以上屠宰企业应取得排污许可证。屠宰工业排污许可证申请与核发按照生态环境部HJ 860.3—2018《排污许可证申请与核发技术规范 农副食品加工工业—屠宰及肉类加工工业》等规定执行，污水排放标准应达到GB 13457—92《肉类加工工业水污染物排放标准》的要求。

HJ 860.3—2018规定了屠宰及肉类加工工业排污许可证申请与核发的基本情况填报要求、许可排放限值确定、实际排放量核算和合规判定的方法，以及自行监测、环境管理台账与排污许可证执行报告等环境管理要求，提出了屠宰及肉类加工工业污染防治可行技术要求。GB 13457—92分年限规定了包括畜禽屠宰加工企业在内的肉类企业的水污染物最高允许排放浓度及排水量等指标，目前该标准正在修订为《屠宰与肉类加工工业水污染物排放标准》。

屠宰厂对更衣室、淋浴间、卫生间清洁消毒设施有哪些要求？

生猪定点屠宰厂应在车间入口处、卫生间及车间内适当的地点设置与生产能力相适应的，配有适宜温度的洗手设施及消毒、干手设施。洗手设施应采用非手动式开关，排水应直接入下水管道。

应设有与生产能力相适应并与车间相接的更衣室、卫生间、淋浴间，其设施和布局不应对产品造成潜在的污染风险。不同清洁程度要求的区域应设有单独的更衣室，个人衣物与工作服应分开存放。淋浴间、卫生间的结构、设施与内部材质应易于保持清洁消毒。卫生间内应设置排气通风设施和防蝇、防虫设施，保持清洁卫生。卫生间不得与屠宰加工、包装或贮存等区域直接连通。卫生间的门应能自动关闭，门、窗不应直接开向车间。

18 屠宰厂检验设备主要有哪些?

生猪定点屠宰厂应具有与生产能力相适应的肉品品质检验部门，应具备检验所需要的检验方法和相关标准资料，屠宰车间通常应当设置同步检验装置，实验室应配备满足检验需要的设施设备。

生猪定点屠宰厂实验室常用仪器设备包括：电子分析天平、食品中心温度计、显微镜、酸度计、酶标仪、离心机、恒温箱、冰箱、蒸馏装置、电热干燥箱、超净工作台、高压灭菌器、生物培养箱、PCR检测设备等。大型企业根据生产和检测需要，还可以配备液相色谱仪、原子吸收/原子荧光光度计、液相色谱-质谱联用仪、气相色谱-质谱联用仪等。

屠宰厂对生产检验记录有哪些要求？

生猪定点屠宰厂建有严格的进出厂查验登记和生产过程检验制度。

其中，肉品品质检验应当遵守2023年1月3日施行的《生猪屠宰肉品品质检验规程（试行）》（农业农村部公告第637号），与生猪屠宰同步进行，并如实记录结果，检验结果记录保存期限不得少于2年。

检验不合格的生猪产品，应当在兽医卫生检验人员的监督下，按照国家有关规定处理，并如实记录处理情况；处理情况记录保存期限不得少于2年。

20 对屠宰设备和器具都有哪些要求？

所有接触肉品的加工设备，其设计与制作应符合食品安全，并便于清洗消毒。

凡直接接触肉品的台面、工具、容器、包装等，采用不锈钢或符合食品卫生的塑料制作。

运输肉品及副产品的容器，采用有车轮的装置，严禁接触地面受到污染。

各生产加工、检验环节所使用的刀具，必须存放在易于清洗和耐腐蚀的专用柜内。

屠宰加工各个车间温度控制有哪些要求？

目前，生猪屠宰车间通常没有温度控制要求，但是车间内应有良好的通风、排气装置，及时排除污染的空气和水蒸气。在预冷前的工序中，除了烫池所在区域温度较高外，其他区域和室外温度基本一致。

根据GB 50317—2009《猪屠宰与分割车间设计规范》和GB 12694—2016《食品安全国家标准 畜禽屠宰加工卫生规范》的规定，应按照产品工艺要求将车间温度控制在规定范围内。预冷设施温度控制在0～4℃；分割车间温度控制在12℃以下；冻结车间温度控制在-28℃以下；冷藏储存库温度控制在-18℃以下。

22 屠宰车间内照明设施有哪些要求？

根据GB 12694—2016《食品安全国家标准 畜禽屠宰加工卫生规范》的规定，车间内应有适宜的自然光线或人工照明。照明灯具的光泽不应改变加工物的本色，亮度应能满足检验检疫人员和生产操作人员的工作需要。GB 50317—2009《猪屠宰与分割车间设计规范》强调，屠宰线上应配备检验操作台和照度不小于500勒克斯的照明设备。

安装于暴露肉品上方的灯具，应使用安全型照明设施或采取防护设备，以防灯具破碎而污染肉品。

23 屠宰车间内通风设施有哪些要求?

屠宰车间应配备适宜的自然通风或人工通风设施。屠宰车间应尽量采用自然通风，自然通风达不到卫生和生产要求时，可采用机械通风或自然与机械联合通风。通风次数不宜小于6次/小时。屠宰车间的浸烫池上方应设有局部排气设施，必要时可设置驱雾装置。空气调节系统的新风口（或空调机的回风口）处应装有过滤装置。

24 屠宰厂需要在哪些环节消毒？如何消毒？

生猪定点屠宰厂为保障肉品安全，在厂区内重点区域和场所需进行严格消毒，NY/T3384—2021《畜禽屠宰企业消毒规范》的具体规定如下。

厂区出入口消毒：厂区运输生猪的车辆出入口处应设置与门同宽、底部长4米、深0.3米以上且能排放消毒液的消毒池。消毒池内放置2%～3%氢氧化钠溶液或有效氯含量600～700毫克/升的含氯消毒剂等消毒液，液面深度不小于0.25米，消毒液应及时补充更换。环境温度低于0℃时，可往消毒液中添加固体氯化钠或10%丙二醇溶液。并应配置相应的消毒设施，对进出车辆喷雾消毒。

待宰区消毒：生猪卸载区卸载生猪后应及时清理，按班次对车辆通道、停车区域、卸载平台等场所清洗后消毒。宜使用有效氯含量700～1000毫克/升的含氯消毒剂或2%～3%氢氧化钠溶液等擦拭和喷雾消毒。对待宰间也要进行空圈和带猪消毒。

生产车间消毒：车间、卫生间入口处应配有水温适宜的洗手设施及干手和消毒设施，洗手设施应采用非手动式开关。屠宰、分割车间入口应设与门同宽的鞋靴消毒池，放置有效氯含量600～700毫克/升的含氯消毒剂等消毒液，或放置靴底消毒垫。每日工作完毕，应先用不低于40℃的温水洗刷干净车间地面、墙壁、食品接触面等，再分别对车间不同部位消毒，作用30分钟以上，然后用水冲洗干净。

冷库消毒：应每天对冷库穿堂、发货站台、缓冲间使用有效氯含量300～500毫克/升的含氯消毒剂等消毒。-18℃及以下储藏库、-28℃及以下冻结间应每年至少清空消毒一次。消毒时先除霜，使用0.5%过氧乙酸溶液等毒性残留低、安全性高、绿色环保性强的消毒剂熏蒸消毒或使用臭氧消毒，不得使用剧毒、有强烈气味的消毒剂。

此外，对隔离间、急宰间、无害化处理间、更衣室以及车辆、工作器具等也应及时消毒。

第三部分

屠宰与加工过程

25 生猪屠宰过程有哪些标准可依？

生猪定点屠宰厂屠宰生猪，应当遵守国家规定的操作规程和技术要求，主要包括GB/T 17236—2019《畜禽屠宰操作规程 生猪》和GB 12694—2016《食品安全国家标准 畜禽屠宰加工卫生规范》等。《畜禽屠宰操作规程 生猪》规定了生猪屠宰的宰前要求、屠宰操作程序及要求、包装、标志和贮存等要求。《食品安全国家标准 畜禽屠宰加工卫生规范》规定了畜禽屠宰加工过程中畜禽验收、屠宰、分割、包装、贮存和运输等环节的场所、设施设备、人员的基本要求和卫生控制操作的管理准则。

此外，农业农村部公告第637号《生猪屠宰肉品品质检验规程（试行）》中规定了生猪屠宰加工过程中产品品质检验的程序、方法及处理。

26 生猪屠宰的工艺步骤有哪些？过程有时间要求吗？

根据GB/T 17236—2019《畜禽屠宰操作规程　生猪》，生猪屠宰的工艺步骤主要包括：宰前处理与静养，致昏、刺杀放血，剥皮（烫毛、脱毛），吊挂提升，预干燥，燎毛，清洗抛光，去尾、头、蹄，雕圈，开膛、净腔，检验检疫，劈半（锯半），整修，计量与质量分级，整理副产品，预冷，冻结，包装、贴标签、标志和贮存等。

生猪屠宰的过程有时间要求，如待宰猪临宰前应停食静养不少于12小时，宰前3小时停止喂水；沥血时间不少于5分钟；从放血到摘取内脏不应超过30分钟；从放血到预冷应不超过45分钟。

27 生猪送达屠宰厂后，能否立即卸车屠宰？

送达屠宰厂的生猪主要集中在两个地方：一为厂区围墙之外，这部分生猪是刚从养殖场运达屠宰厂的，在完成进厂检验检疫之前，不能进入厂区；二为完成了入厂检验检疫的环节，达到了入厂屠宰的要求而进入厂区的生猪，通过卸猪台后首先进入待宰间静养，静养时间一般控制在不少于12小时。

28 生猪待宰前为何要进行静养？

GB/T 17236—2019《畜禽屠宰操作规程　生猪》规定，待宰猪临宰前应停食静养不少于12小时，宰前3小时停止喂水。

宰前禁食促进肠道内容物的排泄，降低了排泄物及屠宰时破肠造成的胴体被微生物与污物污染的风险，还有利于宰后充分放血。

从养殖场到屠宰厂这一段时间里，生猪需要经历驱赶、混群、上车、途中颠簸、下车等一系列过程，在此期间猪会产生大量的应激反应。这些应激对于猪的情绪以及新陈代谢都有很大的影响，过分疲劳及受热应激的生猪在屠宰时会造成放血不净，而且宰后猪肉的品质也会受到影响。因此，需要足够的静养时间。

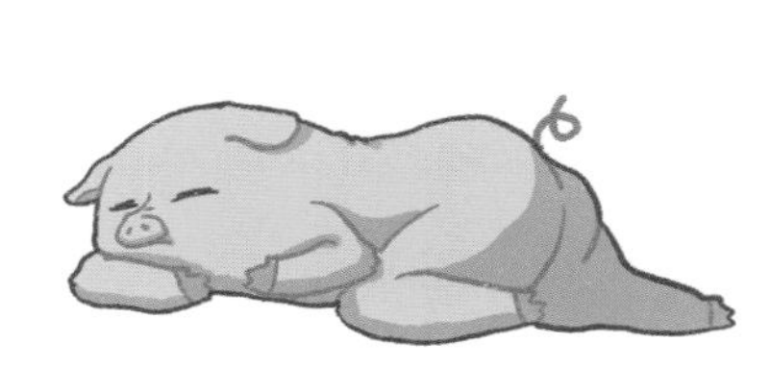

29 为何生猪在待宰间要进行淋浴？

生猪进入待宰间后，要进行禁食与淋浴，喷淋洗浴时间通常为3～5分钟，淋浴时水温控制一般夏季为20℃左右，冬季38℃左右。宰前淋浴对于生猪而言不单是一种动物福利行为，对生猪应激反应的消除更有意义：淋浴可以清洁猪的体表，减少屠宰过程中的交叉污染，防止把微生物带入成品肉中；淋浴还可以使猪趋于安静，取得良好的放血效果；同时经过淋浴的生猪体表导电性能较好，便于后续的生猪电晕操作。另有研究发现，淋浴能够降低猪的体温，有利于降低PSE肉（俗称白肌肉）的发生率。

什么是动物的（宰前）应激反应？应激反应的危害是什么？

动物的（宰前）应激反应是指动物在屠宰前受到一些具有损伤性的生物、物理、化学以及特种心理上的强烈刺激（应激因素），随即产生的一系列非特异性全身性反应。

应激反应的机制十分复杂，应激反应会使动物机体严重消耗，对肉品质量有着较大的影响。一般常说的应激反应危害是生猪在宰前因为经受长时间运输、打斗、惊吓等行为，其体内糖原被快速消耗，导致PSE肉的出现，宰后胴体肉的品质下降。

31 屠宰厂里为何听不到猪嚎叫？

屠宰厂为了保证屠宰后获得的肉品的品质，对生猪进厂、静养、待宰的处理过程，都不再采取暴力操作，生猪在宰前环节生活平静，所以不会表现出嚎叫状态；在生猪屠宰时，也会提前采取致昏措施，生猪在短时间内即会进入休克状态。所以，在规范化的屠宰厂，不论参观者在屠宰厂的生活区、参观区，抑或是生产区，基本上都不会听到猪叫，更不用说嚎叫声了。

32 致昏有什么好处?

致昏就是指使生猪在宰杀前短时间内处于昏迷状态。常用的致昏方法有电致昏和二氧化碳（CO_2）致昏。国内一般采用电致昏的方法，在生产上称为“电麻”。

除了满足动物福利要求外，致昏还可以使放血完全，提高肉质。致昏能避免猪宰杀时嚎叫、挣扎而消耗过多的糖原，使宰后胴体保持较低的pH值，肉色好，利于快速放血，快速取内脏；同时减轻了工人的体力劳动，提高了安全性。

致昏是如何操作的?

生猪屠宰致昏包括电致昏和二氧化碳致昏两种方式。

电致昏是使用一定电流的电极作用于猪体不同部位，引起癫痫的发作和肌肉的痉挛，使其大脑和神经系统立即失去知觉而处于昏迷状态。现在中大型生猪屠宰企业主要采用三点托胸式电麻机，3个电极固定在猪的头部和心脏部位，通电使猪致昏。

二氧化碳致昏是将生猪置于CO_2麻醉室内完成的，该设施内部气体组成为：CO_2 90%，空气10%，处理时间为120～150秒。

CO_2麻醉使猪在安静状态下，不知不觉地进入昏迷，因此肌糖原消耗少，最终pH值低，肌肉处于弛缓状态，避免内出血。实验证明吸入的CO_2对血液、肉质及其他脏器均无不良影响。

34 致昏后为何要吊挂起来?

生猪致昏后要立即吊挂，一是便于生猪的输送，以及后续工序的处理，减少交叉感染；二是可以实现较快地沥血，沥血充分有助于保持肉的质地与口感，如从猪体取得其活重3.5%的血液，则可认为放血效果良好。

35 为何要捅刀沥血，沥血时间有规定吗？

捅刀沥血的目的是使生猪血液失去循环，结束生猪的生命，使生猪体内的血液尽可能流出，保持肉品的品质。生猪宰杀放血的方法有切颈法、心脏穿刺法、切颈动脉与静脉法等。其中，切颈法虽然放血很快，但由于同时切断了气管与食管，易导致胃内容物、血液等污染颈部肌肉或吸入肺部；心脏穿刺法会破坏心脏收缩功能，易导致放血不全、胸腔淤血；切颈动脉与静脉法是相对比较理想的一种放血方法，既能保证放血良好，操作起来又简便、安全，缺点是刀口较小放血速度较慢。如果刀口过大，烫毛时又容易造成污染。目前，生猪屠宰企业一般使用此法刺杀放血。捅刀时操作人员刀尖向上，刀锋向前，对准第一肋骨咽喉正中偏右0.5～1厘米处向心脏方向刺入，再侧刀下拖切断颈部动脉和静脉，刀口长度为5厘米左右，不得刺破心脏或割断食管、气管。沥血时间要求不低于5分钟，一般为5～7分钟。

为何宰杀要一头一刀？

为防止交叉污染，宰杀沥血后，每宰杀一头猪，刀要在82℃以上的热水中消毒一次。为了达到消毒效果，刀具需要放在热水中处理一段时间，而生产线上生猪输送的速度比较快，为了不影响工作效率，所以工人每次都直接更换刀具，进行下一头猪的捅刀。

37 猪毛是怎么去除的?

沥血后的猪，用喷淋水或清洗机冲淋，清洗血污、粪污及其他污物，由悬空轨道进入烫毛池或烫毛隧道进行烫毛，使毛根周围毛囊的蛋白质受热变性收缩，毛根和毛囊易于分离。同时表皮也出现分离达到脱毛的目的。猪体在烫毛池浸烫时间为5分钟左右，池内最初水温以70℃为宜，随后保持在60～66℃。蒸汽烫毛隧道内温度59～62℃，烫毛时间为6～8分钟。

刮毛过程中刮毛机的软硬刮片与猪体相互摩擦，将毛刮去，同时向猪体喷淋35℃的温水，刮毛30～60秒即可。然后再由人工将未刮净的部位如耳根、大腿内侧的毛刮去。

38 如何处理猪肠内粪便使之不污染胴体？

肠内粪便对胴体污染的控制主要通过雕圈这一操作步骤实现。该步骤的操作是工人持刀面对着猪胴体背面，刀尖向下，从尾根下面落刀，轻轻划开该部位皮肉，然后以左手食指伸入肛门后，拉紧下刀部位皮层，右手刀刃沿肛门绕刀成圆形，割开肛圈四周皮肉，割断尿梗、筋络，使直肠头脱离肉体。操作时注意勿使刀尖戳破直肠，也不要戳入后腿肌肉、膘肉内，同时也要防止指甲划破肠壁。如果猪肛门内粪便较稀且多时，应在下刀前排出粪便，以免雕开肛门圈时粪便随直肠落入腹腔，污染肉体。

目前，很多屠宰企业采用机械雕肛。可先用自动开耻机自上向下切开耻骨部位腹壁腹腔约20厘米，再用自动雕肛机对准猪的肛门，随即将探头插入肛门，启动开关，利用环形刀将直肠与猪体分离。自动雕肛机设备自动化程度高，采用光电技术对猪胴体准确识别定位，能保证雕肛质量，实现雕肛加工的标准化，减少大肠头带肉率，避免产品贬值损失。也可用手动雕肛机设备进行操作，将探头插入肛门固定，启动开关雕肛。

39 工人在猪脸上观察什么呢？

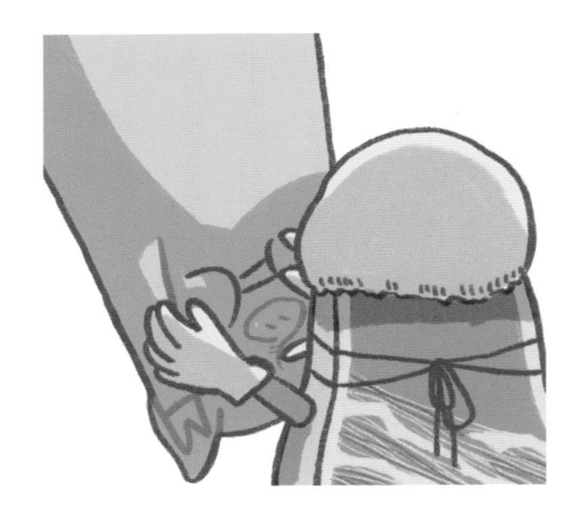

这是检验检疫人员正在进行头部检查。在检查中，除了要视检鼻、唇、齿龈、可视黏膜，观察其色泽及完整性，检查有无水疱、溃疡、结节及黄染等病变外，需要在放血后脱毛前，沿放血孔纵向切开下颌区，直到颌骨高峰区，剖开两侧下颌淋巴结，视检有无肿大、坏死灶（紫、黑、灰、黄），切面是否呈砖红色，周围有无水肿、胶样浸润等。通常，猪患炭疽、猪瘟等传染病时下颌淋巴结都有特征性变化。因此，下颌淋巴结是猪屠宰后必检内容。

同时，需要剖检两侧咬肌，充分暴露剖面，观察有无黄豆大、周边透明、中间含有小米粒大、乳白色虫体的囊尾蚴寄生。

40 猪屠宰过程中需不需要剥皮？剥皮方式有哪些？

屠宰厂根据生产工艺和市场需要，决定生猪屠宰后是否剥皮，剥皮则生成剥皮猪肉，不剥皮则生成带皮猪肉。如果要剥皮，则需要在开膛前进行。

剥皮可采用机械剥皮或人工剥皮。机械剥皮按剥皮机性能，预剥一面或两面，确定预剥面积。剥皮按以下程序操作：挑腹皮、剥前腿、剥后腿、剥臀皮、剥腹皮、夹皮、开剥。人工剥皮是将猪整体放在操作台上，按顺序挑腹皮、剥臀皮、剥腹皮、剥脊背皮。剥皮时不得划破皮面，且少带肥膘。

41 为何在内脏摘取前，要在每一头猪体上取一块小肉放在托盘里？

通常在内脏摘取前，取左右膈脚各30克左右，与胴体编号一致，撕去肌膜，感官检查后镜检。这是在做旋毛虫检查。旋毛虫可引起旋毛虫病，这是一种人畜共患病，可感染多种动物，人感染后严重时可引起死亡。为此，我国规定对每头屠宰的生猪都开展旋毛虫检查。

42 猪内脏为什么有的放在输送机的托盘里，有的挂在输送机的挂钩上？

生猪屠宰过程中将其内脏器官分成两类，猪的胃、肠等内脏由于含有内容物，血液含量少，颜色较浅，通常称为白内脏；而猪的心、肝、肺、肾，因为颜色较深，也没有内容物，通常称为红内脏。

白内脏放在输送机的托盘内待检验检疫，红内脏挂在输送机的挂钩上待检验检疫，这样做目的是便于同步检验检疫。同时，分开放置还可以避免交叉污染。

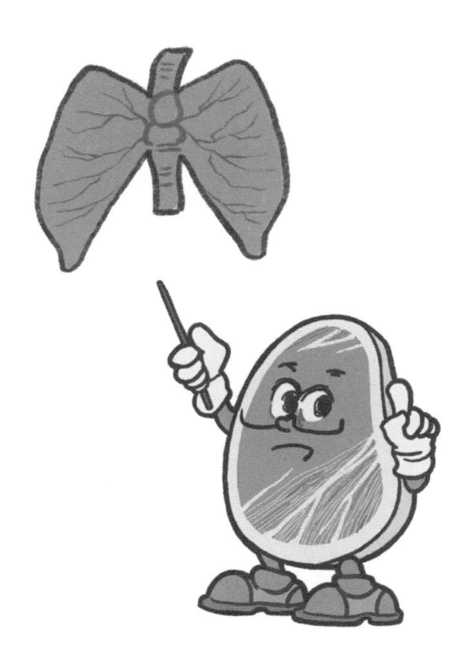

43 猪内脏进入不同的房间是干嘛去了？

屠宰线上切割下来的不同脏器，会随着输送轨道进入不同的房间，这在生产上称之为副产品处理间，不同的脏器在这里进行分离处理，并进行后续加工。

合格的白内脏通过滑槽进入白内脏加工间，将胃和肠内的内容物倒入风送罐内，充入压缩空气将内容物通过风送管道输送到屠宰车间外后，再对肠、胃进行烫洗清洗。将清洗后的肠、胃整理包装入冷藏库或保鲜库。

合格的红内脏通过滑槽进入红内脏加工间，将心、肝、肺、肾清洗后，整理包装入冷藏库或保鲜库。

44 为何有的生猪没有跟着轨道走，而是推到一边去了？

生猪进行屠宰前经过宰前检验检疫，基本上能够将疑似病变猪排除在屠宰线外。但是仍然会有部分病变猪因为没有表现相关症状而进入屠宰线被加工处理，这部分猪在宰后的同步检验检疫工序中会被发现。生产上一旦发现此类猪胴体，则需要进行标记、分离，从而推入不同的轨道，也称病猪轨道，输送入病猪间待检。

45 什么是三腺？三腺的危害是什么？

在生猪屠宰加工中必须摘除的“三腺”是指甲状腺、肾上腺和病变淋巴结。猪甲状腺位于喉的后方，气管腹侧，呈长椭圆状，形如大枣，深红色，分叶不明显。猪肾上腺位于肾脏的前内侧，左右各一，大小如人的小手指，断面如胡萝卜，四周红褐色，中央土黄色。甲状腺、肾上腺人食用后会引起代谢紊乱或危及生命，宰后要摘除并做无害化处理。淋巴结是动物免疫器官，当机体局部组织器官发生损伤时（病原微生物感染引起、机械性损伤、过敏反应等）局部会出现炎症反应，这些炎症部位引流淋巴结就会发生相应的病理变化，这种淋巴结就是病变淋巴结，在屠宰检验检疫中应严格摘除并做无害化处理。

46 对屠宰厂工作人员有什么要求？

生猪定点屠宰厂的屠宰人员需要依法取得健康证明，健康状况应符合《中华人民共和国食品安全法》和GB 12694—2016《食品安全国家标准 畜禽屠宰加工卫生规范》等的要求，持证上岗，并每年进行一次健康检查，凡患有影响食品安全疾病者，应当调离生猪屠宰生产岗位。

从事肉类生产加工、检验检疫和管理的人员应保持个人清洁，不应将与生产无关的物品带入生产车间；工作时不应戴首饰、手表，不应化妆；进入生产车间时应洗手、消毒并穿着工作服、帽、鞋，离开车间时应将其换下。

47 为何屠宰车间内工人穿的工作服颜色不一样?

生猪定点屠宰厂对工作人员的着装有统一要求，所有工作人员的服装集中保管、集中清洗消毒，统一发放和回收。屠宰厂不同卫生要求区域的岗位人员穿戴不同颜色或标志的工作服、帽，以示区别，并明确工作职责、工作权限和义务。所有进入车间人员都必须统一着装，离开车间时换下。穿不同的颜色的工作服容易识别，防止工人串岗，造成肉品交叉污染。

48 这么大的屠宰车间是如何搞卫生的?

每周应对车间进行一次全面、彻底的消毒。每日工作完毕，应先用不低于40℃的温水洗刷干净车间地面、墙壁、食品接触面等，再分别对车间不同部位消毒，作用30分钟以上，然后用水冲洗干净，不同部位消毒方法如下：

a）对车间的台案、工器具、设施设备选用有效氯含量200～300毫克/升的含氯消毒剂等消毒；

b）对墙面、墙裙、通道以及经常使用或触摸的物体表面选用有效氯含量300～500毫克/升的含氯消毒剂等消毒；

c）对放血道及附近地面和墙裙选用含量700～1000毫克/升的含氯消毒剂等消毒；

d）对排污沟选用有效氯含量100毫克/升以上的含氯消毒剂等消毒。

在屠宰线检疫过程中需控制多少种病，常见的是哪几种？

生猪屠宰检疫的主要检疫对象有口蹄疫、非洲猪瘟、猪瘟、猪繁殖与呼吸综合征、炭疽、猪丹毒、囊尾蚴病、旋毛虫病，共8种。

常见的为口蹄疫、炭疽等，近年来，猪繁殖与呼吸综合征和非洲猪瘟也进入了常见疫病的行列。

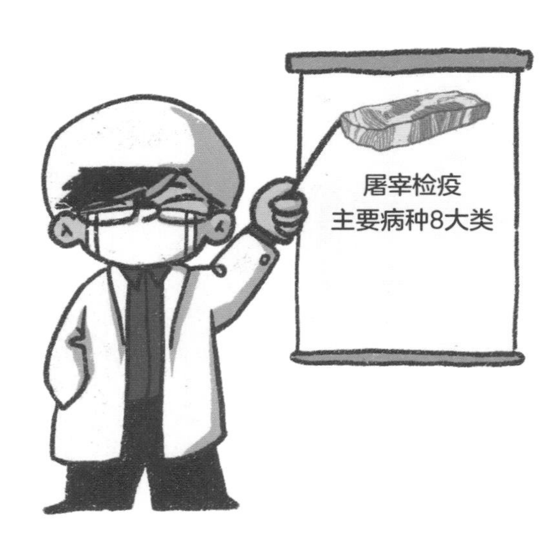

50 什么是同步检验检疫？

同步检验检疫是与屠宰操作相对应，将生猪的头、蹄、内脏与胴体生产线同步运行，由检验检疫人员对照检查和综合判定的一种方法。同步检验检疫是以感官检查和剖检为主，即通过“视检”“触检”“嗅检”和“剖检”等方法对屠宰中的胴体和脏器进行病理学诊断与处理，必要时进行实验室检验。

同步检验检疫能够对病变胴体、内脏做出及时判断和处理，对防止动物疫病传播，保障消费者的利益和身体健康具有重要意义。

51 屠宰检疫主要包括哪几部分？

按照《生猪屠宰检疫规程》屠宰检疫的对象包括口蹄疫、非洲猪瘟、猪瘟、猪繁殖与呼吸综合征、炭疽、猪丹毒、囊尾蚴病、旋毛虫病。

屠宰检疫可分为检疫申报、宰前检疫、同步检疫、检疫结果处理和检疫记录。

检疫申报：货主应在屠宰前6小时向所在地动物卫生监督机构申报检疫，急宰的可以随时申报。申报应当提供《生猪屠宰检疫规程》规定的材料。

宰前检疫：现场核查申报材料与待宰生猪信息是否相符。按照《生猪产地检疫规程》(农牧发〔2023〕16号)中“临床检查”内容实施检查。

同步检疫：与屠宰操作相对应，对同一头猪的胴体及脏器、蹄、头等统一编号进行检疫。

检疫结果处理：同步检疫合格的，由官方兽医出具动物检疫证明，加盖检疫验讫印章或者施加其他检疫标志；检疫不合格的，按照相关实施方案采取相应措施。

检疫记录：官方兽医做好所有环节的记录；检疫申报单和检疫工作记录保存期限不得少于12个月；电子记录与纸质记录具有同等效力。

52 屠宰车间对水质与用量有什么要求?

生猪屠宰过程中用水量较大，主要用于生猪淋浴、内脏处理、地面处理等，据统计，生猪单位屠宰废水产生量为0.4～0.6m³/头。根据GB 12694—2016《食品安全国家标准　畜禽屠宰加工卫生规范》的要求，屠宰车间生产用水的水质应符合GB 5749—2023《生活饮用水卫生标准》的要求，即达到人生活饮用水的质量标准。对于非饮用水，应使用完全独立、有鉴别颜色的管道输送，并不得与生产（饮用）水系统交叉连接或倒吸于生产（饮用）水系统中。

企业运行中对水质要严格管理，实施水龙头编号、企业内部水质定期自检、每半年外送水样质检等水质管理措施。

53 为何屠宰后的猪肉要运进预冷间？

生猪经宰杀后体温升高，容易成为微生物滋生的温床。猪肉进入预冷间，一是降低温度，可以抑制猪肉表面的微生物生长；二是在较低的温度下胴体冷却，可以减少糖原酵解的速度，降低PSE肉的发生率；三是生产冷却肉时，在冷却过程中，蛋白质被内源酶水解成小分子肽和氨基酸，质地和风味可以得到改善。

54 生猪屠宰过程中应做哪些生产记录？当发现生产产品不合格时，屠宰企业会召回吗？

应建立记录制度并有效实施，包括生猪入厂验收、宰前检查、宰后检查、无害化处理、消毒、贮存等环节，以及屠宰加工设备、设施、运输车辆和器具的维护记录。记录内容应完整、真实，确保对产品从生猪进厂到产品出厂的所有环节都可进行有效追溯。

屠宰企业应建立完善的可追溯体系，确保肉类及其产品存在不可接受的食品安全风险时能进行追溯。屠宰企业应根据相关法律法规建立产品召回制度，当发现其生产的生猪产品不符合食品安全标准、有证据证明可能危害人体健康或者染疫、疑似染疫时，应当立即停止屠宰，报告农业农村主管部门，通知销售者或者委托人，召回已经销售的生猪产品。

对反映产品卫生质量情况的有关记录，企业应制定并执行质量记录管理程序，对质量记录的标记、收集、编目、归档、存储、保管和处理做出相应规定。所有记录应准确、规范并具有可追溯性，保存期限不得少于肉类保质期满后6个月，没有明确保质期的，保存期限不得少于2年。

55 发现品质异常的肉怎么处理？

根据《生猪屠宰肉品品质检验规程（试行）》（农业农村部公告第637号），生猪宰后应实施同步检验，应对每头猪进行头蹄检验、内脏检验、胴体检验、复验与加施标识。

在宰后检验发现病变淋巴结和病变组织时，确诊为非疫病引起的，应摘除或修割；发现头部有脓肿等异常变化的，应进行修割；应对检出的病变淋巴结进行割除；发现蹄部有肿胀、腐烂、脱壳、脓肿等异常变化的，应进行修割。

检查体表有无出血、淤血、化脓、皮炎和寄生虫损害等异常变化，发现异常的，应做局部修割；检查体腔浆膜有无出血、淤血、粘连等异常变化，发现异常的，应做局部修割；检查肌肉组织和皮下脂肪有无出血、淤血、水肿、变性等异常变化。

检查腰大肌、背最长肌、半腱肌和半膜肌，发现肌肉苍白、质地松软、切面突出、纹理粗糙、水分渗出等现象，视为白肌肉。对严重的白肌肉应做修割处理。检查股内侧肌或股直肌，发现肌肉干燥、质地粗硬、色泽深暗等现象，视为黑干肉。对严重的黑干肉应做修割处理。

检查发现仅皮下和体腔脂肪呈黄色，胴体放置24h后黄色消退的为黄脂。轻微的、无不良气味的黄脂肉不受限制出厂。检查发现

脂肪、皮肤、关节液等处出现全身黄染，胴体放置24h后黄色不消退的为黄疸。

检查猪肉是否颜色较浅泛白，指压后是否容易复原，放置后有无浅红色血水流出，胃、肠等内脏器官有无肿胀。疑似注水肉的，送实验室检测确定。

屠宰厂对所有肉品应进行全面复验，确认合格的胴体，加盖肉品品质检验合格验讫印章，确认合格的其他可食用生猪产品，在其包装上加施肉品品质检验合格标识。确认不合格的，加施无害化等处理标识。肉品品质检验合格证、验讫印章、标识的式样和使用要求等按照国务院农业农村主管部门的规定执行。检验结果为种公猪、种母猪、晚阉猪的，应在胴体和《肉品品质检验合格证》上注明“种猪”或“晚阉猪”。

56 进屠宰厂的生猪在出栏前的检疫有哪些项目？

根据《动物检疫管理办法》，生猪出栏前，经检疫符合下列7个条件的，出具动物检疫证明。一是来自非封锁区及未发生相关动物疫情的饲养场（户）；二是来自符合风险分级管理有关规定的饲养场（户）；三是申报材料符合检疫规程规定；四是畜禽标识符合规定；五是按照规定进行了强制免疫，并在有效保护期内；六是临床检查健康；七是需要进行实验室疫病检测的，检测结果合格。

《生猪产地检疫规程》（农牧发〔2023〕16号）规定了生猪产地检疫对象为：口蹄疫、非洲猪瘟、猪瘟、猪繁殖与呼吸综合征、炭疽、猪丹毒 。

实施产地检疫的目的是防止动物传染病、寄生虫病及其他有害生物的传入、传出，控制和扑灭动物疫病，保护养殖业发展和人体健康。

57 屠宰厂如何应对非洲猪瘟？

生猪屠宰厂应当按照有关规定，严格做好非洲猪瘟排查、检测及疫情报告工作，并主动接受监督检查。

生猪屠宰厂要严格入厂查验，发现有下列情形之一的，不得收购、屠宰有关生猪：无有效动物检疫证明的；耳标不齐全或检疫证明与耳标信息不一致的；违规调运生猪的；发现其他违法违规调运行为的。

屠宰厂要坚持非洲猪瘟自检制度，配齐非洲猪瘟检测仪器设备，按照“批批检、全覆盖”原则，在驻场官方兽医组织监督下，按照生猪不同来源实施分批屠宰。每批生猪屠宰后，对暂储血液进行抽样检测非洲猪瘟病毒。经检测为阴性的，同批生猪产品方可上市销售。

一类动物疫病

口蹄疫、猪水疱病、猪瘟、非洲猪瘟、高致病性猪蓝耳病。

二类动物疫病

猪繁殖与呼吸综合征（经典猪蓝耳病）、猪乙型脑炎、猪细小病毒病、猪丹毒、猪肺疫、猪链球菌病、猪传染性萎缩性鼻炎、猪支原体肺炎、旋毛虫病、猪囊尾蚴病、猪圆环病毒病、副猪嗜血杆菌病。

58 生猪屠宰厂检出非洲猪瘟病毒该怎么办？

生猪屠宰厂要按照规定，严格落实生猪待宰、临床巡检、屠宰检验检疫等制度。在待宰间发现生猪疑似非洲猪瘟的，应当立即暂停同一待宰间的生猪上线屠宰；在屠宰线上发现疑似非洲猪瘟的，应当立即暂停屠宰活动。同时，按规定采集相应病（死）猪的血液样品或脾脏、淋巴结、肾脏等组织样品进行非洲猪瘟病毒检测，检测结果为阴性的，同批生猪方可继续上线屠宰。

具体来讲，屠宰厂应按照农业农村部发布的《非洲猪瘟疫情应急实施方案》进行处理。按照该实施方案第五版规定，屠宰厂自检发现阳性的，应当按规定及时报告，暂停生猪屠宰活动，全面清洗消毒，对阳性产品进行无害化处理后，在官方兽医监督下采集环境样品和生猪产品送检，经县级以上动物疫病预防控制机构检测合格的，可恢复生产。该屠宰厂在暂停生猪屠宰活动前，尚有待宰生猪的，应进行隔离观察，隔离观察期内无异常且检测阴性的，可在恢复生产后继续屠宰；有异常且检测阳性的，按疫情处置。

地方各级人民政府农业农村（畜牧兽医）主管部门组织抽检发现阳性的，应当按规定及时上报，暂停该屠宰厂屠宰加工活动，全面清洗消毒，对阳性产品进行无害化处理48小时后，经县级以上人民政府农业农村（畜牧兽医）主管部门组织采样检测合格，方可恢复生产。该屠宰厂在暂停生猪屠宰活动前，尚有同批待宰生猪的，一般应予扑杀；如不扑杀，须进行隔离观察，隔离观察期内无异常且检测阴性的，可在恢复生产后继续屠宰；有异常且检测阳性的，按疫情处置。

地方各级人民政府农业农村（畜牧兽医）主管部门发现屠宰厂不报告自检阳性的，应立即暂停该屠宰场所屠宰加工活动，扑杀所有待宰生猪并进行无害化处理。该屠宰场所全面落实清洗消毒、无害化处理等相关措施15天后，经县级以上人民政府农业农村（畜牧兽医）主管部门组织采样检测合格，方可恢复生产。

59 发生动物疫病时，屠宰厂应当采取哪些措施？

《生猪屠宰检疫规程》规定了生猪进入屠宰厂监督查验、检疫申报、宰前检查、同步检疫、检疫结果处理以及检疫记录等操作程序。

屠宰厂检疫对象为口蹄疫、猪瘟、非洲猪瘟、高致病性猪蓝耳病、炭疽、猪丹毒、猪肺疫、猪副伤寒、猪Ⅱ型链球菌病、猪支原体肺炎、副猪嗜血杆菌病、丝虫病、猪囊尾蚴病、旋毛虫病，共计14种动物疫病。

发现有口蹄疫、猪瘟、非洲猪瘟、高致病性猪蓝耳病、炭疽等疫病症状的，限制移动，并按照《中华人民共和国动物防疫法》《重大动物疫情应急条例》《农业农村部关于做好动物疫情报告等有关工作的通知》（农医发〔2018〕22 号）和《病死及病害动物无害化处理技术规范》（农医发〔2017〕25号）等有关规定处理。

发现有猪丹毒、猪肺疫、猪Ⅱ型链球菌病、猪支原体肺炎、副猪嗜血杆菌病、猪副伤寒等疫病症状的，患病猪按国家有关规定处理，同群猪隔离观察，确认无异常的，准予屠宰；隔离期间出现异常的，按《病死及病害动物无害化处理技术规范》（农医发〔2017〕25号）等有关规定处理。

怀疑患有规程规定疫病及临床检查发现其他异常情况的，按相应疫病防治技术规范进行实验室检测，并出具检测报告。

发现患有规程规定以外疫病的，隔离观察，确认无异常的，准予屠宰；隔离期间出现异常的，按《病死及病害动物无害化处理技术规范》（农医发〔2017〕25号）等有关规定处理。

60 什么是驻厂兽医（官方兽医）？我国为什么要实行驻厂兽医制度？

驻厂兽医又称驻厂官方兽医，是指具备规定资格条件并经兽医主管部门任命，负责对动物及动物产品进行全过程监控并出具动物检疫合格证明的国家兽医工作人员，直接代表国家对动物饲养、经营和动物产品生产加工、流通环节中执行动物卫生措施的情况，独立实施全过程监督、控制和管理。

我国执行驻厂兽医制度是为了对动物及动物产品生产的全过程进行公正公平的卫生监督，保证动物及动物产品符合卫生要求，并在此基础上签发动物检疫合格证明，确实降低疫病传播风险，维护公众及动物健康。

61 屠宰厂是如何开展品质检验的？检验哪些方面？

生猪定点屠宰厂应当按照国家规定的肉品品质检验规程进行检验。肉品品质检验应当与生猪屠宰同步进行，包括宰前检验和宰后检验，检验内容包括健康状况、传染病和寄生虫病以外的疾病、注水或者注入其他物质、有害物质、有害腺体、PSE肉或DFD肉、种猪和晚阉猪以及国家规定的其他检验项目。经肉品品质检验合格的猪胴体，应当加盖肉品品质检验合格验讫章，并附具《肉品品质检验合格证》后方可出厂；检验合格的其他生猪产品（含分割肉品）应当附具《肉品品质检验合格证》。

生猪定点屠宰厂屠宰的种猪和晚阉猪，应当在胴体和《肉品品质检验合格证》上标明相关信息。

62 生猪定点屠宰厂的进出厂检查登记和记录制度都有哪些要求？

生猪定点屠宰厂应当建立生猪进厂查验登记制度。生猪定点屠宰厂应当依法查验检疫证明等文件，利用信息化手段核实相关信息，如实记录屠宰生猪的来源、数量、检疫证明号和供货商名称、地址、联系方式等内容，并保存相关凭证。发现伪造、变造检疫证明的，应当及时报告农业农村主管部门。发生动物疫情时，还应当查验、记录运输车辆基本情况。记录、凭证保存期限不得少于2年。生猪定点屠宰厂接受委托屠宰的，应当与委托人签订委托屠宰协议，明确生猪产品

质量安全责任。委托屠宰协议自协议期满后保存期限不得少于2年。

生猪定点屠宰厂应当建立生猪产品出厂记录制度，如实记录出厂生猪产品的名称、规格、数量、检疫证明号、肉品品质检验合格证号、屠宰日期、出厂日期以及购货者名称、地址、联系方式等内容，并保存相关凭证。记录、凭证保存期限不得少于2年。

63 生猪为何带着耳标？

生猪身上（耳朵）带有的标识俗称耳标，统称为畜禽标识。畜禽标识是指经农业农村部批准使用的耳标、电子标签、脚环以及其他承载畜禽信息的标识物。

《中华人民共和国动物防疫法》第十七条规定，饲养动物的单位和个人应当履行动物疫病强制免疫义务，按照强制免疫计划和技术规范，对动物实施免疫接种，并按照国家有关规定建立免疫档案、加施畜禽标识，保证可追溯。《畜禽标识和养殖档案管理办法》规定，畜禽标识实行一畜一标，编码应当具有唯一性。畜禽标识编码由畜禽种类代码、

县级行政区域代码、标识顺序号共15位数字及专用条码组成。猪、牛、羊的畜禽种类代码分别为1、2、3。编码形式为：×（种类代码）－××××××（县级行政区域代码）－××××××××（标识顺序号）。动物卫生监督机构应当在畜禽屠宰前，查验、登记畜禽标识。畜禽屠宰经营者应当在畜禽屠宰时回收畜禽标识，由动物卫生监督机构保存、销毁。畜禽经屠宰检疫合格后，动物卫生监督机构应当在畜禽产品检疫标志中注明畜禽标识编码。

什么是HACCP？屠宰企业实施HACCP体系是强制性要求吗？

HACCP（Hazard Analysis and Critical Control Point）指危害分析和关键控制点。HACCP体系是国际上共同认可和接受的食品安全保证体系，是生产(加工)安全食品的一种控制手段。它有利于对原料、关键生产工序及影响产品安全的人为因素进行分析，确定加工过程中的关键环节，建立、完善监控程序和监控标准，采取规范的纠正措施。使用HACCP体系，主要是对食品中生物、化学和物理危害进行安全控制。

我国食品生产企业自20世纪80年代逐渐引进应用HACCP体系。2002年4月19日，原国家质量监督检验检疫总局颁布《出口食品生产企业卫生注册登记管理规定》，要求在肉与肉制品、罐头等6大类出口食品生产企业必须建立和实施HACCP体系。对于未涉及出口肉与肉制品的屠宰企业目前暂无强制性规定。

65 什么是SSOP？屠宰企业应怎样做到SSOP的要求？

SSOP（Sanitation Standard Operation Procedures）即卫生标准操作程序，是食品企业在卫生环境和加工要求等方面所需实施的具体程序，是食品企业明确在食品生产中如何做到清洗、消毒、卫生保持的指导性文件。SSOP与GMP(Good Manufacturing Practices，良好操作规范)是HACCP的前提条件。生猪屠宰企业要做到SSOP的要求，至少要控制八个方面的卫生问题：水和冰的安全，食品接触表面的卫生，防止交叉污染，洗手、消毒和卫生设施的维护，防止外来污染物造成的掺杂，化学物品的标识、存储和使用，雇员的健康状况以及昆虫与鼠类的扑灭及控制。

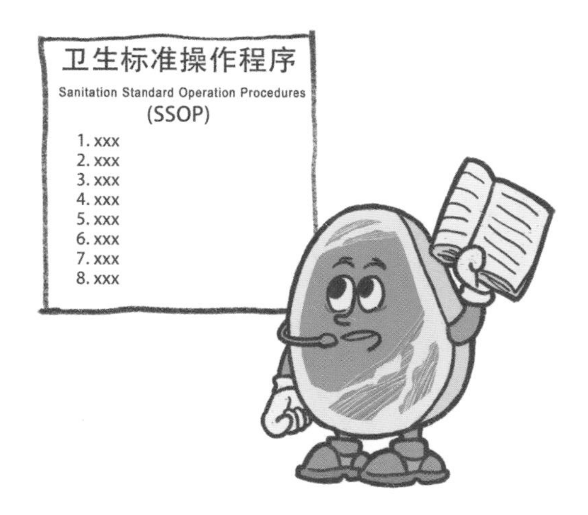

第四部分

猪肉包装、储藏与运输

66 屠宰后对猪肉是如何分级的？

猪肉品级反映的是猪肉品质，猪肉品质的定义在不同的国家、同一国家不同的市场有不同的概念。一般来说，猪肉品质包括肉的食用性、营养价值、安全性和加工品质等。目前评价肉质的常用指标有：肉色、嫩度、持水力、风味、多汁性、pH值、蛋白质含量、干物质含量、脂肪含量、烹调损失、挥发性盐基氮等。

在实际生产过程中，经过各级检验检疫程序，从食用安全的角度

确认放心肉后，还要经历肉品等级的鉴定，该步骤一般在生猪割掉头、蹄，去掉内脏后，在生产线上通过检验员视检后打码完成，反映的是胴体综合等级。

通过对背膘厚度、胴体重、瘦肉率、胴体外观、肉色、肌肉质地、脂肪色等的分析，按照NY/T 1759—2009《猪肉等级规格》的标准，将猪肉分成四级，数字越小肉质越好。也有企业进行内部品质分级，按照目测的胴体6～7肋处背中线皮下脂肪厚度将白条肉分为三级，如一级肥膘厚度为1.0～2.5厘米，二级肥膘厚度为1.0～3.0厘米，三级肥膘厚度小于1.0厘米或大于3.0厘米。

67 什么是肉的成熟？

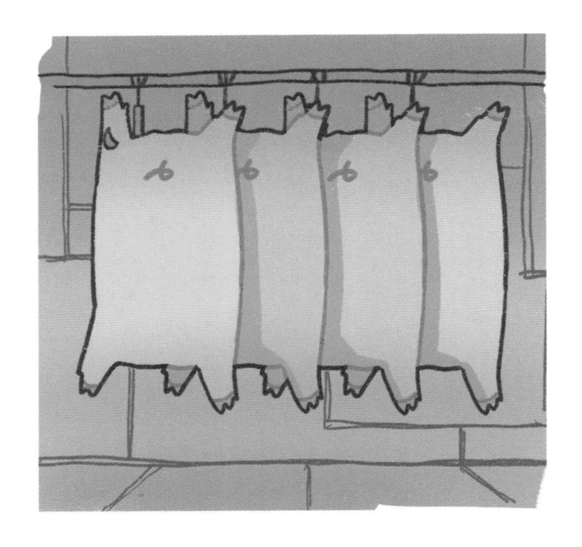

屠宰后的肉很快会进入尸僵过程。处于尸僵过程的肉口感老、风味差。肉的成熟是指畜禽宰杀后，胴体或分割肉在0～4℃下冷却一定时间，在微摩尔钙激活酶等肌肉内源性酶的作用下，肌原纤维蛋白发生降解，肉的僵直状态逐渐消失，肉质变软，嫩度、持水性和风味得到很大改善的过程。

在屠宰企业，肉的成熟一般通过快速预冷、冷藏等工艺实现。

68 猪肉储存入库时对冷库有何特定要求？

猪肉在屠宰厂一般要经历三种形式的冷库，即预冷库、急冻库和冷藏库，其温度控制分别为0～4℃、-28℃以下和-18℃以下。生猪屠宰企业的冷库建设与管理要遵循GB 50317—2009《猪屠宰与分割车间设计规范》、GB 12694—2016《食品安全国家标准 畜禽屠宰加工卫生规范》、NY/T 3225—2018《畜禽屠宰冷库管理规范》。

此外，有中央储备肉任务的屠宰企业，其冷库建设要达到SB/T 10408—2013《中央储备肉冻肉储存冷库资质条件》，该标准对储备肉冷库的选址、布局、规模、设施、管理等都有明确的规定。

69 猪肉上所盖印章的原料与颜色有何要求？

2019年3月，农业农村部办公厅印发了《关于规范动物检疫验讫证章和相关标志样式等有关要求的通知》(农办牧〔2019〕28号)，进一步规范动物检疫证章标志使用和管理，强化检疫监管行为。通知规定，对检疫合格肉品加盖的验讫印章印油，颜色统一使用蓝色；对检疫不合格的肉品加盖的“高温”或“销毁”章印油，颜色统一使用红色。印油必须使用符合食品级标准的原料。已经得到批准使用针刺检疫验讫印章、激光灼刻检疫验讫印章的，其印章印迹应与本通知规定的检疫验讫印章的尺寸、规格、内容一致，所用原材料材质必须符合国家规定，不能对生猪产品产生污染。

70 什么是激光灼刻打码？

激光灼刻打码是取代印章的一种猪肉标识技术，这种技术是用激光在猪肉表皮灼刻代码，呈现立体图像，有凹凸感，内容辨别清晰、防伪功能增强，灼刻没有任何添加物质，不会对被激光灼刻的猪肉及周边环境造成污染，而消费者可在猪肉上清楚地看到检验检疫合格字样以及检验检疫具体时间。

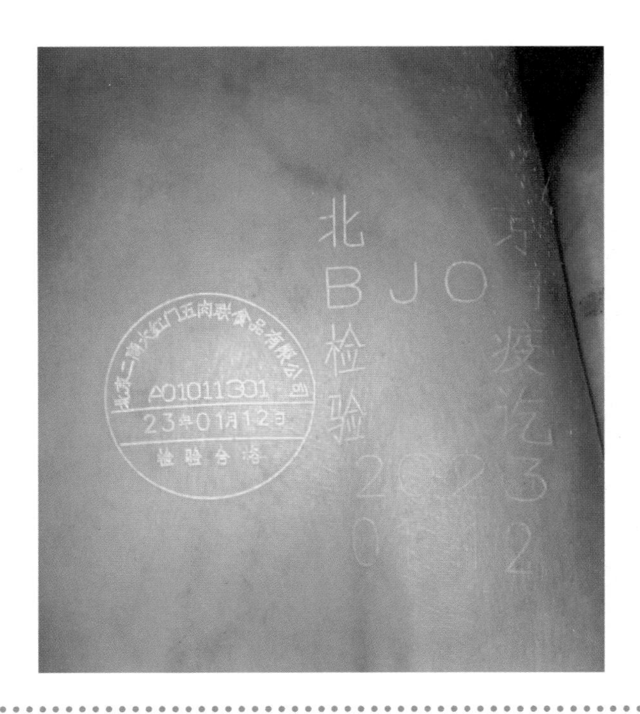

71 屠宰后猪肉的包装、标签和标识有什么要求?

猪肉包装应使用不含氟氯烃化合物的发泡聚苯乙烯、聚氨酯、聚氯乙烯的材料。优先使用可重复利用、可回收利用或可降解的包装材料。所有包装材料应符合《食品安全国家标准　食品接触材料及制品通用安全要求》(GB 4806.1—2016)及相应的包装材料食品安全国家标准的相关规定。

包装好的猪胴体、分割产品和可食用副产品应在内、外包装上进行标识。裸装的，应在胴体、分割体或其他地方附加标识。标识应完整，无错贴、倒贴、漏贴；标签粘贴牢固；标识清晰，整体洁净；印刷清晰、整洁，不易脱落。

标签或标识中的说明或表达方式不应有虚假、误导或欺骗，或可能对任何方面的特性造成错误的印象。

裸装畜禽产品应标示生产者名称、检验检疫标识和生产日期，其他详见NY/T 3383—2020《畜禽产品包装与标识》。

猪肉出厂时需要检验吗？具体有哪些内容？

尽管猪肉在生产过程中已经过一系列的检验检疫，才能进入冷库储存，但从储存库出厂发货时，仍然需要根据接收方的要求，提供相应的出厂检验报告。按照产品不同和接收方要求不同，该类报告通常包括标识、包装、感官指标、水分含量、兽药残留、农药残留等。

73 我国公民都可以从事猪肉运输吗？

《中华人民共和国动物防疫法》规定，运输的动物应当附有检疫证明，经营和运输的动物产品，应当附有检疫证明和检疫标志。

经铁路、公路、水路、航空运输动物和动物产品的，托运人托运时应当提供动物检疫合格证明；没有检疫证明的，承运人不得承运。

我国对鲜、冻肉的运输条件以及畜禽肉冷链运输管理也有明确的食品安全国家标准，即GB 20799—2016《食品安全国家标准 肉和肉制品经营卫生规范》，要求设备操作人员应经培训，持证上岗；接触肉品的工作人员应持有效的健康证明；患有痢疾、伤寒、病毒性肝炎等消化道传染病的人员，以及患有活动性肺结核、化脓性或者渗出性皮肤病等有碍食品安全疾病的人员，不得直接接触食品及其包装物。

74 生猪及猪肉产品的运输工具消毒有哪些措施？

根据2021年11月1日实施的NY/T 3384—2021《畜禽屠宰企业消毒规范》的相关规定，装运猪肉产品的车辆、笼筐及其他装载工具，卸载后应清理清洗，使用有效氯含量300～500毫克/升的含氯消毒剂等进行消毒；装载前应再次使用有效氯含量300～500毫克/升的含氯消毒剂等进行消毒。

装运生猪产品和健康生猪的车辆，卸载后，应先清理车厢内草料、

粪便等杂物，用水清洗后，再用有效氯含量300～500毫克/升的含氯消毒剂等进行消毒，最后用水冲洗干净。

装运患病生猪的车辆，卸载生猪后，应先使用4%氢氧化钠溶液等作用2～4小时后，再彻底清理杂物，然后用热水冲洗干净。清理后的杂物应无害化处理。

装运患有恶性传染病生猪及产品的车辆，卸载生猪及产品后，应先使用4%甲醛溶液或含有不低于4%有效氯的含氯消毒剂等喷洒消毒（均按0.5千克/米^{2}消毒液量计算），保持0.5小时后清理杂物，再用热水冲洗干净，然后再用上述消毒液消毒（1千克/米^2)。清理后的杂物应进行无害化处理。

第五部分

安全肉基本知识

如何鉴别鲜猪肉的好坏？

一看：看外观、色泽有无灰暗、淤血、水肿或污染；二闻：闻其表面和切面是否有异常的腥臭味、腐败味；三按压：触压肉的弹性和黏度。

新鲜肉表面有一层微干或微湿润的外膜，触摸时不粘手，肌肉呈现均匀的红色、有光泽，切断面稍湿；脂肪洁白或呈淡黄色，肌肉富有弹性，指压后凹陷能立即恢复，无异味。

76 什么是猪肉的“两章两证”？

生猪定点屠宰厂经检验检疫合格的生猪产品，应附具“两章两证”。两章即生猪屠宰检疫验讫印章和肉品品质检验合格验讫印章，两证即《动物检疫合格证明》和《肉品品质检验合格证》。消费者可按上述要求向供应方查验相关凭证。

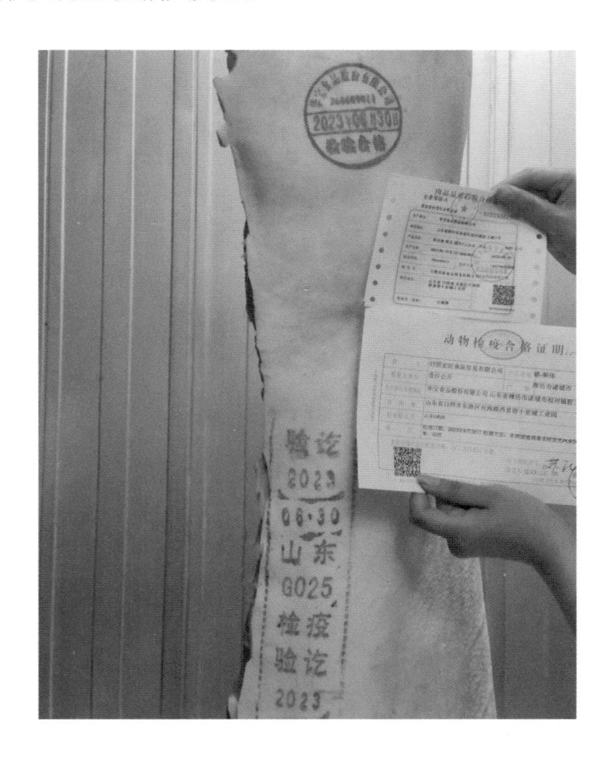

77 在食用猪肉产品时有哪些注意事项?

在食用猪肉产品时，应注意以下事项。

（1）清洗：需要时，制作前要清洗，以保证产品的卫生。

（2）修整：修去淋巴、淤血、异常色斑等。

（3）熟透：食用时要熟透，不食用未熟透的猪肉产品。

（4）分开：生熟要分开，避免交叉传染。

（5）保存：未食用完的猪肉产品应立即冷藏保存。

（6）加热：再次食用时应完全加热。

（7）放置：长期放置的没有包装的冷冻猪肉产品应慎用。

78 非洲猪瘟发生了，猪肉还能吃吗？

非洲猪瘟是由非洲猪瘟病毒感染家猪和各种野猪引起的一种急性、出血性、烈性传染病，属于一类动物疫病。

首先，我国实行严格的生猪定点屠宰制度，生猪在屠宰前均经过官方严格的检验检疫，只有健康的生猪才可以到正规屠宰厂屠宰。发生非洲猪瘟后，染疫的生猪需按规定扑杀并进行深埋等无害化处理。

其次，非洲猪瘟不是人畜共患病，只能在猪与猪之间、猪与野猪之间传播，并不会传染给人。

再者，非洲猪瘟病毒虽然在环境中比较稳定，但在猪肉烹煮处理过程中较易失活，70～75℃加热30分钟以上，病毒就会被杀灭，也就是说我们日常烹饪过程中只要把猪肉煮熟煮透(包括最中间部位温度至少达到70℃以上)，即使有病毒也会很快失去感染力并丧失活性。

因此，尽管非洲猪瘟在我国已有出现，只要大家通过合理的渠道购买生鲜猪肉，其安全性还是有保障的。

79 什么是白条肉和分割肉？

白条肉是指生猪在经过屠宰、脱毛、开膛、去除内脏、头蹄等部位后，沿脊椎中线将猪胴体纵向锯（劈）成两分体的猪肉，包括带皮片猪肉、去皮片猪肉。北方形象地称为“半扇猪肉”。

分割肉是按照市场需求分切的不同规格的带骨或不带骨肉块，分为用于批发的大块分割肉和用于零售的小块分割肉。

80 什么是热鲜肉和冷鲜肉？

冷鲜肉又称冷却肉。宰后的猪胴体经快速冷却不利于微生物生长繁殖，所以保质期比热鲜肉长。目前，在很多大中型超市与肉品经销点均可购买到冷鲜肉。

热鲜肉是指宰杀后未经冷却处理，直接上市销售的鲜肉，刚刚放血的屠体，温度通常为40～42℃，适合微生物生长繁殖，因此其保质期短。我国原有凌晨宰杀、清早上市的肉通常就是热鲜肉。

81 买肉时选择热鲜肉好还是冷鲜肉好？

冷鲜肉从生猪检疫、屠宰、冷却、分割、包装、运输、储藏、销售的全过程始终处于严格监控下，屠宰后，产品一直保持在0～4℃的低温下，这一方式，不仅大大降低了初始微生物数量，而且由于一直处于低温下，其卫生品质显著提高。而热鲜肉通常为凌晨宰杀，清早上市，不经过任何降温处理。虽然在屠宰加工后已经卫生检验合格，但是从加工到零售的过程中，由于缺少包装和其他防护措施，热鲜肉不免要受到空气、昆虫、运输车辆和包装等多方面的污染，而且在这些过程中肉的温度较高，一旦销售时间延长，细菌会大量滋生，易出现质量安全隐患。

与冷冻肉相比，冷鲜肉、热鲜肉食用前无须解冻，通常不会产生营养流失。

冷鲜肉在规定的保质期内色泽鲜艳，肌红蛋白不会褐变，肉色与热鲜肉无异，且肉质更为柔软。

从上述角度分析，通常冷鲜肉的安全品质要优于热鲜肉。

82 肉在冰箱里能存多久？

目前家用冰箱有些是两个温度区间，有些是三个温度区间，以三个温度区间为例，分别是保鲜室、冷藏室和冷冻室。在购买肉品时，应看清包装上申明的保藏期限和贮藏温度条件。通常情况下，如果放在冰箱的保鲜室，其温度为3～5℃，这样的温度下放置时间最多不要超过3天，如果超过这个时间，猪肉一般会变质发酸，特别是夏季，微生物繁殖较快，更容易变坏；冰箱的冷藏室温度大概为0～2℃，这样的温度冷鲜肉通常可保存7天左右；如果将猪肉放冷冻室，大概就是-18℃，处于冷冻状态，但存放时间也不宜超过半年，且解冻时肉的汁液会有所流失，口感较差。

83 冷冻肉有储存期限吗？

冷冻肉是指生猪宰杀后，进行速冻处理，然后在-18℃以下长期储存的肉。规范生产、贮存的冷冻肉的肉质、香味与热鲜肉或冷鲜肉相差不大。但若保藏措施处理不当，肉质、香味会有较大差异，这也是大多数人认为冷冻肉品质较低的原因。

有的国家的冷冻肉品的保质期为两年。而国内较多企业采用经验值估算，将猪、牛、羊肉等的冷冻肉保质期规定为10～12个月。

冷冻肉在储存过程中，容易发生风干、氧化变质现象，不宜长期储存。

84 冷冻肉的营养与鲜肉相比有差别吗？

鲜肉通常指宰后未经过冷冻处理的肉。

冷冻肉是将肉在 -28℃以下速冻，使深层温度达 -15℃以下。

冷冻肉相比于鲜肉虽然细菌较少，但是存在脂肪氧化情况的发生，同时通常在加工前需要解冻，会导致大量营养物质流失。

85 分割肉的标号代表什么？

分割肉的生产过程中按照切取的肉块的位置不同而进行编码，用阿拉伯数字编号标识，这种编号是按照猪体从前到后，由上及下有序编排的。其详细下刀分割点一般是位于不同肋骨的部位。

1号肉即颈背肌肉，是从第五、六肋骨中间斩下的颈背部位肌肉。2号肉即前腿肌肉，是从第五、六肋骨中间斩下的前腿部位肌肉。3号肉即大排肌肉，是在脊椎骨下4～6厘米肋骨处平行斩下的脊背部位肌肉。4号肉即后腿肌肉，是从腰椎与荐椎连接处（允许带腰椎一节半）斩下的后腿部位肌肉。

这种编号，没有特殊或严格的意义，仅仅是猪肉分割时的位置排列。

86 什么是PSE肉和DFD肉？

PSE肉（pale, soft and exudative meat)，是指生猪宰后45分钟内肌肉pH值小于5.8，苍白、质地松软没弹性且表面有汁液渗出的猪肉，也称白肌肉，或“水煮样”肉。常见于规模养殖场出栏的育肥猪的猪腰部及腿部肌肉。这种肉用眼观察呈淡白色，同周围肌肉有明显区别。DFD肉（dark, firm and dry meat)，是指生猪宰后24小时其肌肉pH值6.2以上，呈暗红色、质地坚硬、表面干燥的肉。DFD肉常见于牛肉，在猪肉中并不常见。由于DFD肉pH值近中性，PSE肉水分活性高，更易引起微生物的生长繁殖，加快了肉的腐败变质，缩短了货架期。

PSE肉、DFD肉均为劣质猪肉，其食用品质较差，但一般无食用安全性的问题。

87 什么是品质异常肉?

除上文提及的PSE肉、DFD肉，品质异常肉还包括放血不全肉、黄脂、黄疸、骨血素病肉以及其他患病猪和局部病变猪的肉。

品质异常肉往往表现出色泽异常、气味滋味异常（如饲料气味、性气味、药物气味等）、红膘、黑色素异常沉着等。

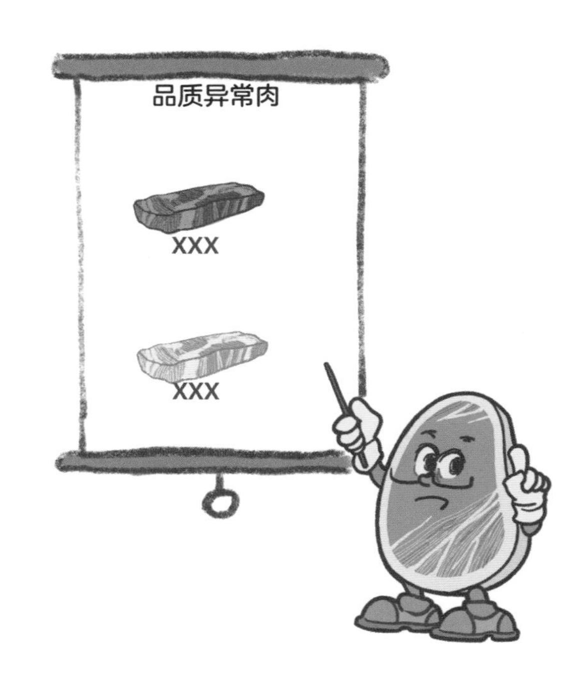

88 猪肉上为何盖那么长的章？

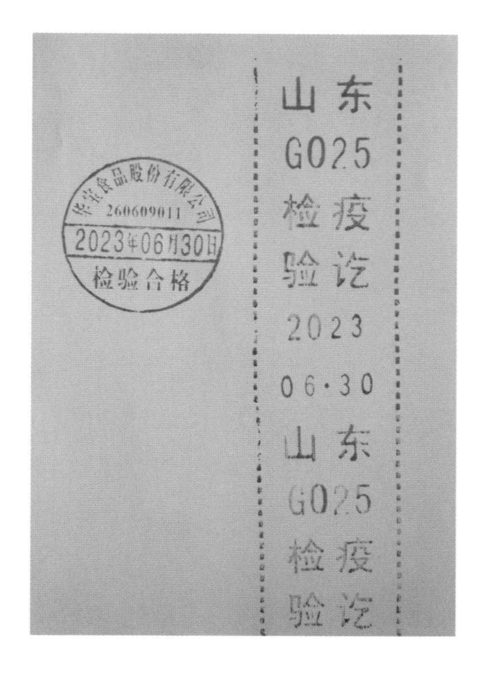

合格的白条肉上面都会盖两个章，分别是圆形印章，俗称“品质章”；长条形的滚筒印章，俗称“检疫章”，也就是大家常说的从头到尾在猪身上遍布的印章。

实际上，滚筒式的“检疫验讫（检疫章）”一般从臀部滚到肩胛部位，印章滚动一周后在胴体上出现六行字迹。第一行为“XX”（省份）；第二行为印章的编码；第三行是“检疫”（也有用“肉检”）；第四行“验讫”；第五行为××××（年份）；第六行为月份和日期。

89 什么是培养肉？

培养肉是利用动物干细胞培养出来的与天然肉类似的肉，也称为“人造肉”。最先发明这种技术的科学家是荷兰 Maastricht 大学的马克·波斯特（Mark Post）教授。中国第一块人造培养肉于2019年11月18日在南京农业大学国家肉品质量安全控制工程技术研究中心诞生。这是国内首例由动物干细胞扩增培养而成的人造肉，是该领域一个里程碑式的突破。

尽管国外已有公司开始了此类肉的生产，但由于其制造成本高昂，且存在风险评估等问题，目前还不具备进行大规模生产条件。

培养肉不同于市面上常见的人造肉。市面上的人造肉主要指用大豆蛋白、豌豆蛋白等制作的“素肉”，是一种豆制品。

90 什么是重组肉制品？重组肉制品到底安全不安全？

重组肉制品是指使用碎肉、脂肪等为主要原料，辅以部分香辛料，再在酶制剂或天然食用胶类物质的黏合作用下而加工成的肉制品，常见的有重组牛排、重组猪排，以及调理牛肉卷等。

重组肉其实质是一种加工肉制品，该技术在国外较流行，在标准规定的限量内使用的胶类物质也不存在食品安全风险。对于生鲜调理重组成的肉制品在加工过程中由于经预先腌制，或由碎肉及小块肉重组而成，内部易滋生细菌，可能导致产品细菌总数偏高，在食用前建议烹饪至全熟。

91 猪副产品有哪些？

通常意义上的猪副产品，即是民间俗称的“猪下水”，仅指除胴体外的可食用部分。在现代食品加工中，广义上的猪副产品包括头、蹄、尾、猪血、猪皮、肠、胃以及猪的心、肝、脾、肺、肾。

2019年发布的GB/T 9959.4—2019《鲜、冻猪肉及猪副产品 第4部分：猪副产品》中规定可食用猪副产品包括猪三角头、猪平头、猪蹄、猪尾、猪耳、猪舌、猪天堂、猪舌根肉、猪脑、猪眼、猪气管、猪食管、猪心血管、猪心、猪肝、猪肺、猪腰、猪肚、猪小肚、猪小肚系、猪沙肝、猪胰脏、猪大肠、猪大肠头、猪小肠、猪小肠头、猪花肠、猪板油、猪花油、猪网油等。

非食用猪副产品包括毛皮、毛、蹄壳、胆囊、胆汁、甲状腺、肾上腺、病变淋巴结等。

猪副产品在食用时因其特有的色、香、味、形与质构特征，从而广受大众喜爱。

92 什么是绿色猪肉？什么是有机猪肉？

绿色猪肉是指按特定生产方式生产不含对人体健康有害物质或因素，经有关主管部门严格检测合格，并经专门机构认定、许可使用“绿色食品”标志的猪肉。其特征是：①强调猪肉生产最佳生态环境；②对猪肉生产实行全程质量控制；③对猪肉产品依法实行标志管理。

有机猪肉是指来自于有机农业生产体系，根据国际有机农业生产要求和相应的标准生产加工的，并通过独立的有机食品认证机构认证的猪肉。在生产加工过程中不使用任何合成的化肥、农药和添加剂，并通过有关颁证组织检测，确认为纯天然、无污染、安全营养的猪肉。

93 什么是农产品地理标志猪肉产品？

农产品地理标志是指标示农产品来源于特定地域，产品品质和相关特征主要取决于自然生态环境和历史人文因素，并以地域名称冠名的特有农产品标志。自2008年至2019年获得农产品地理标志登记保护的生猪及猪肉产品有70余种，如淮安黑猪、莱芜猪、金华两头乌猪、巴彦猪肉等。

国家知识产权局根据国务院《国务院关于机构改革涉及行政法规规定的行政机关职责调整问题的决定》，按照原国家质量监督检验检疫总局《地理标志产品保护规定》，负责地理标志产品保护申请的受理、批准与专用标志的核准等工作。

94 什么是“僵尸肉”？怎么鉴别？

“僵尸肉”是网络流行的一个名词，特指在市面上流通的冷冻保存时间已明显超出保质期的肉，类别范围较广。该名称较早在2015年6月23日新华社的报道《走私“僵尸肉”窜上餐桌，谁之过？》中出现，“70后”猪蹄、“80后”鸡翅等等开始进入公众视野，从而引起广泛关注。

僵尸肉经过长时间的冷冻储藏，即使是在正常条件下，其食用品质已经严重丧失；再加上如果在储藏运输过程中温度控制不当，极易腐败变质。这种肉属于市场打击对象，故公众极少接触到。

僵尸肉可以通过“一看二捏三闻”来辨别：一看是看肉的颜色，僵尸肉因为经过长时间冻藏，瘦肉颜色相对较深，甚至会有异色，脂肪发黄；二捏是检查肉的弹性，解冻后僵尸肉的弹性较差，有时手触摸会发现黏性较大，这是因为僵尸肉微生物较多；三闻是闻肉的气味，僵尸肉因为经长时间放置，会产生一些异味，特别是脂肪氧化严重的会有酸败味。

95 什么是“瘦肉精”？为什么要检测“瘦肉精”？

“瘦肉精”是一类药物的统称，任何能够抑制动物脂肪生成，促进瘦肉生长的物质都可以称为“瘦肉精”。能够实现此类功能的物质主要是一类叫做β－受体激动剂（也称β－兴奋剂）的药物，其中较常见的有盐酸克仑特罗、莱克多巴胺、沙丁胺醇、硫酸沙丁胺醇、盐酸多巴胺、西马特罗和硫酸特布他林等。国内某些养殖户（厂）违规使用的“瘦肉精”主要是盐酸克仑特罗，简称克仑特罗，又名克喘素、氨哮素、氨必妥、氨双氯喘通，主要用于治疗支气管哮喘、慢性支气管炎和肺气肿等疾病。大剂量的“瘦肉精”在饲料中使用，可以

促进猪的生长，减少脂肪含量，提高瘦肉率。“瘦肉精”在我国已经禁用，要求肉中不得检出。例如农业部公告第176号在饲料和动物饮用水中禁止使用的药物品种目录，农业农村部公告第250号食品动物中禁止使用的药品及其他化合物清单中，“瘦用精”都赫然在目。

肉类是否含有“瘦肉精”，除了有关专业检验机构可以检测判别以外，消费者在选购鲜肉时也可初步防范，正常的猪肉，肥、瘦比例均匀，肥膘在1.5～2.5厘米之间，瘦肉较肥肉层厚，两者比例接近于1∶2，色泽鲜亮而不艳红。如出现以下现象谨慎购买：①没有动物检疫合格证明；②鲜肉肥肉、瘦肉比例不均匀，没有肥膘，皮下直接就是瘦肉；③颜色鲜红，肥肉和瘦肉有明显的分离，脊柱两侧的肉略有凹陷；④肉质疏松且偏红色，肥膘很薄并带有很多气泡的肉。

96 如何辨别腐败变质肉？

新鲜猪肉富含各类营养物质，且各类营养物质比例相对合适，假如储藏条件不当，会导致腐败微生物快速生长、或脂肪氧化严重，引起肉的腐败。

腐败变质肉在流通环节可通过观、嗅、摸等方式判断。

新鲜肉发生腐败时一般颜色会变暗，发展到后期变黑或变为绿色；在肉的腐败变质初期，肉固有的腥味消失，之后出现异味；触摸时，肉品原有的弹性逐渐消失，按压后，弹起缓慢或无弹起，同时肉的表面逐渐发黏。

97 鲜片猪肉、冷却片猪肉、冷冻片猪肉和猪平头分别是什么？

片猪肉是指将宰后的整只猪胴体沿脊椎中线纵向锯（劈）成的二分体，包括带皮片猪肉和去皮片猪肉。鲜片猪肉是指宰后的片猪肉，经过凉肉，但不经过冷却工艺过程的猪肉；冷却片猪肉是指经过冷却工艺过程，其后腿肌肉深层中心温度不高于4℃，不低于0℃的猪肉；同理，冷冻片猪肉是指片猪肉经过冻结工艺过程，其后腿肌肉深层中心温度不高于−15℃的猪肉。

猪平头是指从齐耳根进刀，直线划至下颌骨，将颈肉在下巴痣6～7厘米处割开，不露脑顶骨的完整猪头。

98 猪肉是红肉吗？吃猪肉致癌吗？

2015年10月26日，世界卫生组织（WHO）下属单位国际癌症研究机构（International Agency for Research on Cancer，IARC）发布报告，将牛肉、羊肉、猪肉等“红肉”列为2A类致癌物。

然而，“红肉”的概念在业界没有定论。从营养角度来说，需要看肌红蛋白含量，据此，猪肉和牛、羊肉一样属于红肉。从烹饪角度来看，红、白肉区别在于颜色，做熟后是红色的肉为红肉，颜色变浅或成白色的肉为白肉。那么这时猪肉又变成了白肉。世卫组织则视红肉为所有哺乳动物的肌肉，包括牛肉、小牛肉、猪肉、羔羊肉、羊肉、马肉和山羊肉。

研究结果表明，猪肉、牛羊肉等是一类营养价值极高的食物，富含优质蛋白质、维生素、无机盐等，是平衡人类膳食的重要营养源，对人类机体发育、智力发育和机体健康等发挥着重要作用；尚无统计数据表明人体患癌与食用猪肉和牛羊肉等有关联。无论是人体实验还是动物实验，支持“红肉”致癌的证据都极不充分。

IARC随后也坦言：食用红肉相关的癌症风险较难预测，因为红肉引起癌症的证据还不够有力。世卫组织也于2017年年底将肉类从致癌物列表中撤除。

99 畜禽屠宰标准是哪个机构在管?

全国屠宰加工标准化技术委员会（SAC/TC 516）负责归口管理畜禽屠宰标准化工作。SAC/TC 516工作范围为：负责兽医食品卫生质量及检验、畜禽屠宰厂（场）建设、屠宰厂（场）分级、屠宰车间和流水线设计、畜禽屠宰及加工技术、屠宰加工流程及工艺、屠宰及肉制品加工设施设备、无害化处理设备及工艺技术、非食用动物产品加工处理等专业领域的标准化工作。

国家标准化管理委员会公告

2022 年第 23 号

国家标准化管理委员会关于批准
全国电气信息结构、文件编制和图形符号标准化
技术委员会等 19 个技术委员会换届的公告

国家标准化管理委员会批准全国电气信息结构、文件编制和图形符号标准化技术委员会等 19 个技术委员会换届，现予以公告。（各技术委员会组成方案见附件）

17. 第三届全国屠宰加工标准化技术委员会（SAC/TC516）组成方案

附件 17

第三届全国屠宰加工标准化技术委员会
（SAC/TC516）组成方案

第三届全国屠宰加工标准化技术委员会（SAC/TC516）由 50 名委员组成（委员名单见下表），陈伟生任主任委员，沈建忠、周光宏、卢旺、王守伟任副主任委员，冯忠泽任委员兼秘书长，曹翠萍、张德权、陈伟任委员兼副秘书长，秘书处由中国动物疫病预防控制中心（农业农村部屠宰技术中心）承担。

国家标准化管理委员会

2022 年 12 月 27 日

SAC/TC 516秘书处设在中国动物疫病预防控制中心（农业农村部屠宰技术中心）。该中心屠宰标准处具体负责相关工作。

畜禽屠宰与肉类管理和科研机构有哪些?

农业农村部负责全国畜禽屠宰行业管理工作。中国动物疫病预防控制中心（农业农村部屠宰技术中心）承担畜禽屠宰技术支撑工作。各省、市、县级农业农村（畜牧兽医）行政主管部门负责本辖区内的畜禽屠宰行业管理工作。

我国屠宰与肉类技术推广、科研单位主要有全国畜禽屠宰质量标准创新中心、南京农业大学、中国肉类食品综合研究中心、中国农业科学院农产品加工研究所等。目前全国大多数设有食品科学与工程等专业的高等院校均开设肉类加工相关课程，设有兽医学相关专业的高等院校也大多数开设动物性食品卫生学等相关课程。

肉类相关社会团体有中国肉类协会、中国畜产品加工研究会（中国畜产品加工学会）、中国畜牧兽医学会兽医食品卫生学分会、国家肉类加工产业科技创新联盟等。

附："肉博士"带您参观定点屠宰厂

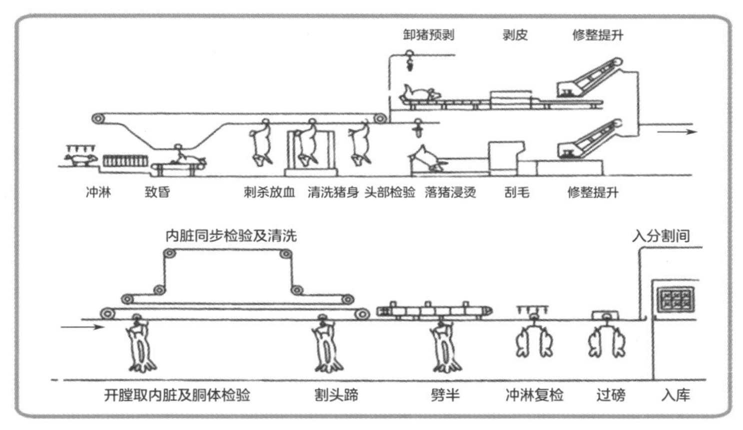

生猪屠宰加工工艺流程图

生猪入场检疫

生猪入场消毒通道

待宰间静养

宰前淋浴

电麻致昏

刺杀放血

蒸汽烫毛

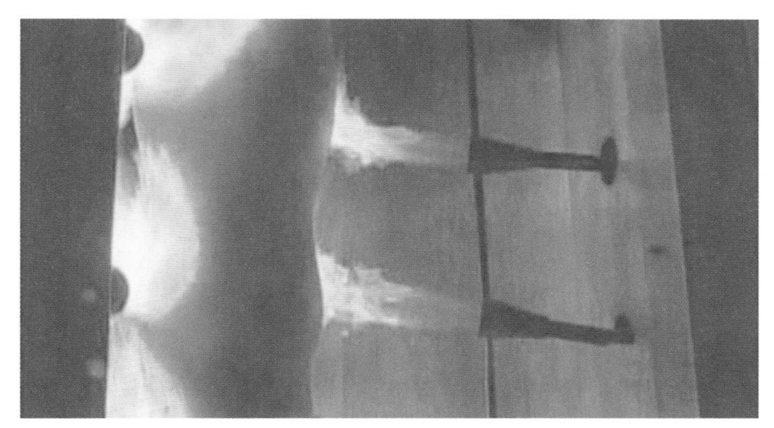

机械燎毛

人工燎毛

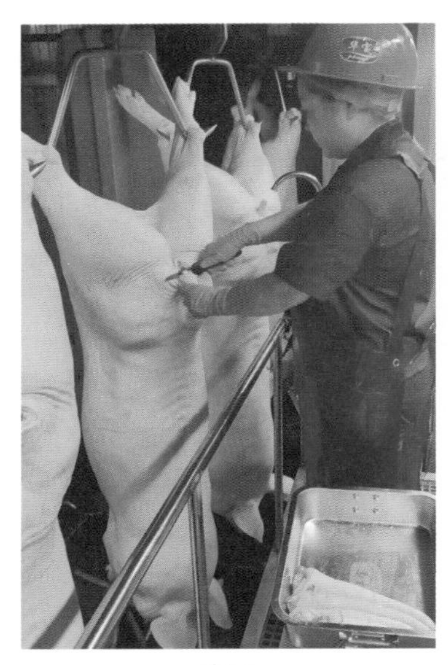

去尾

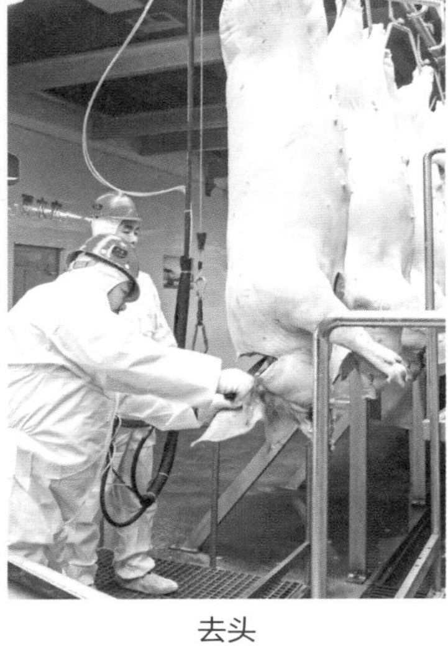

去头

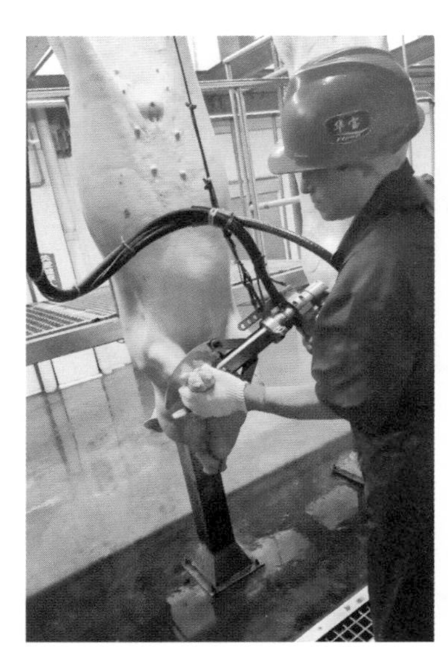

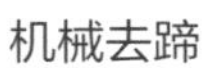

机械去蹄

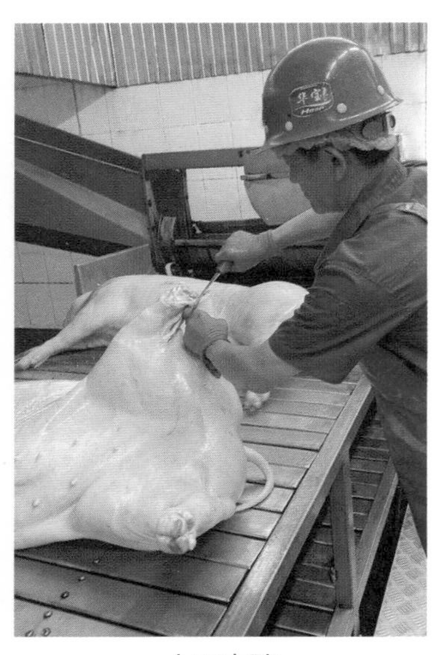

人工去蹄

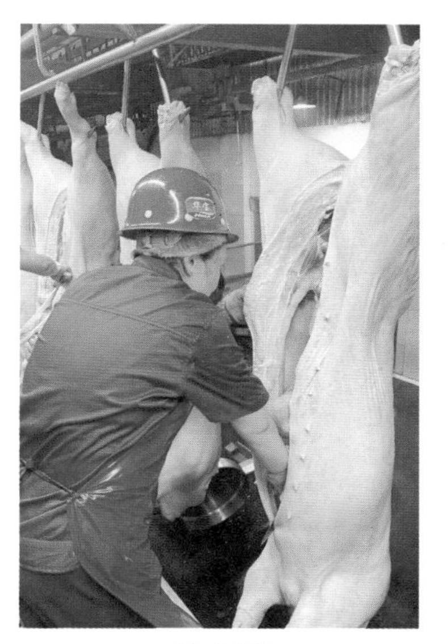

人工挑胸

机械开膛

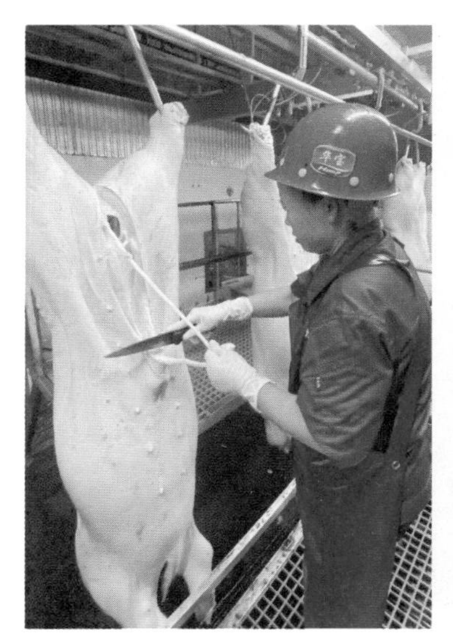

摘除生殖器

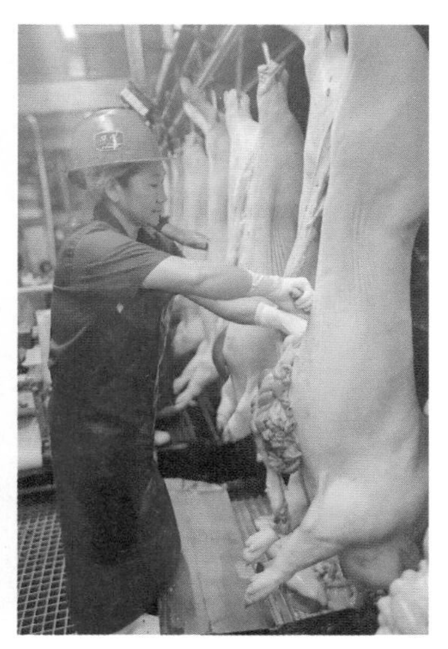

摘取白脏

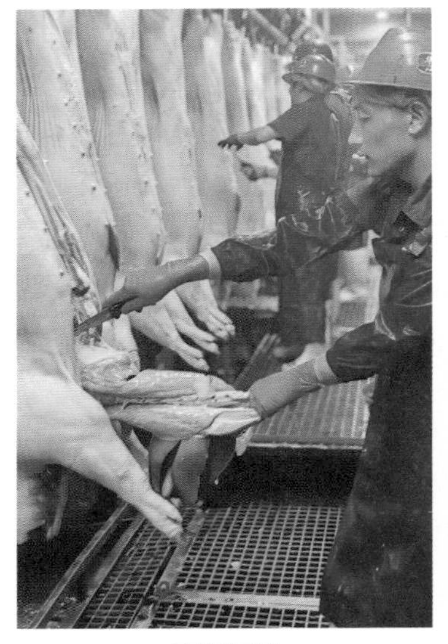

摘取红脏

取检验肉（膈脚）

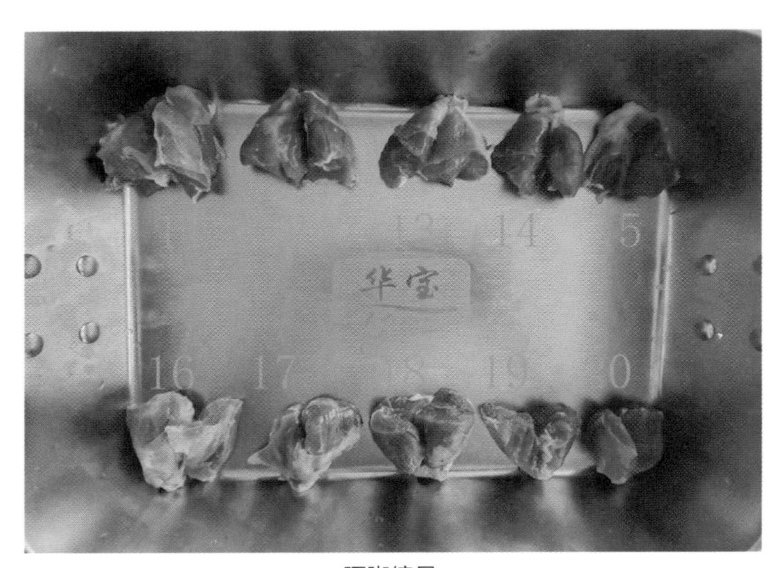

膈脚编号

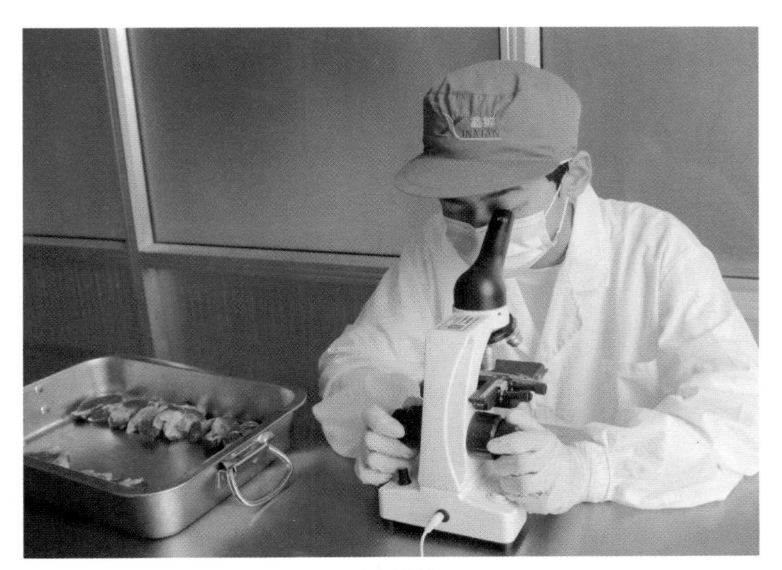

膈脚镜检

机械劈半

人工劈半

劈半后摘甲状腺

清洗抛光

体表检查

胴体检验

胴体修整

转入预冷库

吊入分割车间

分割车间一角

分割车间一角

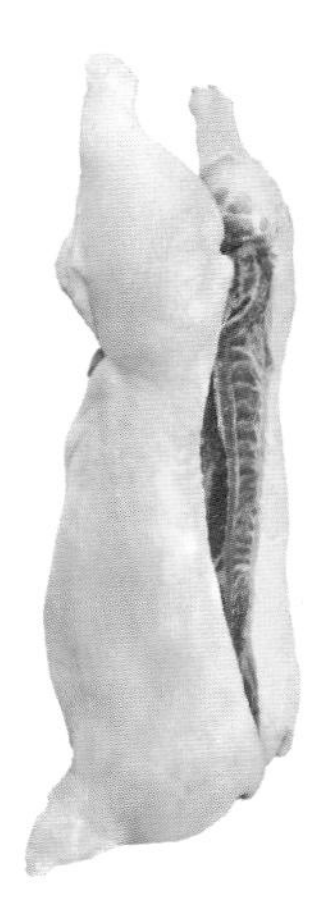

白条

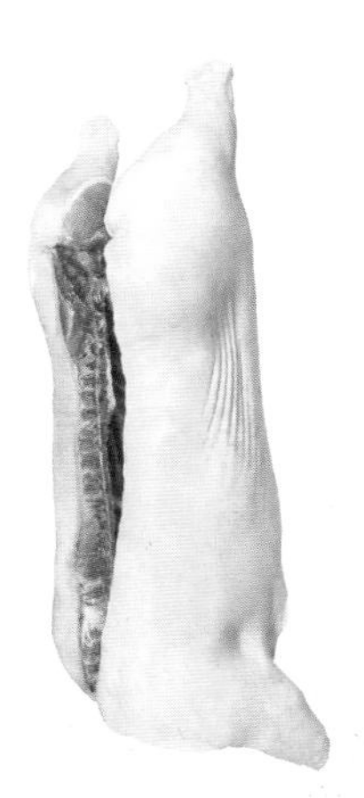

皮条

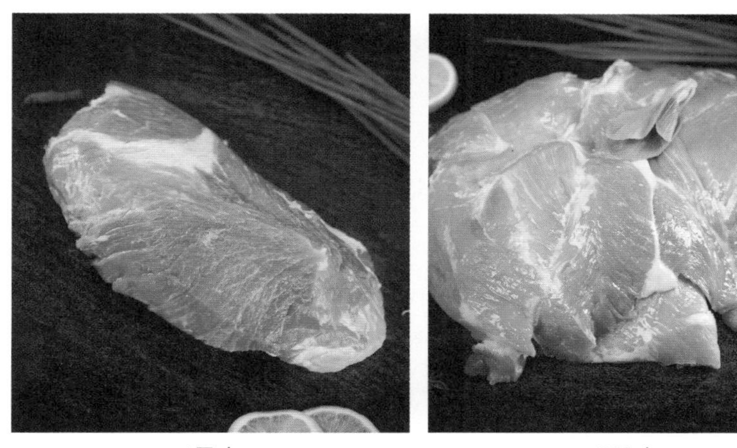

1号肉　　2号肉

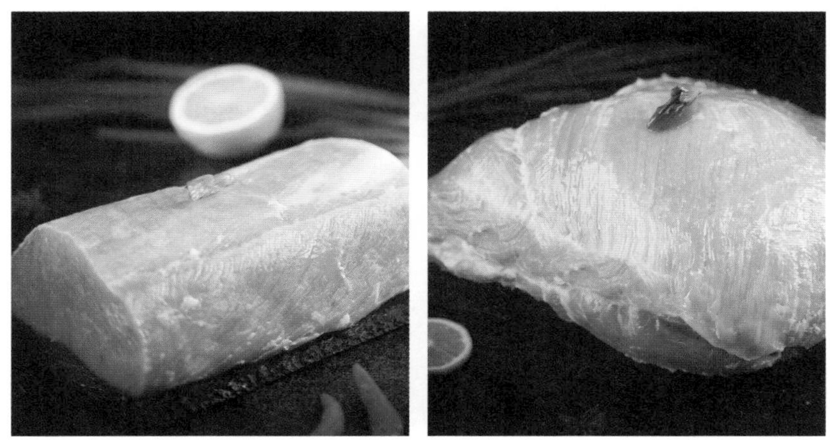

3号肉　　4号肉

参考文献

[1]《中华人民共和国动物防疫法》

[2]《生猪屠宰管理条例》

[3]《食品安全国家标准　畜禽屠宰加工卫生规范》(GB 12694—2016)

[4]《农业部　食品药品监管总局关于进一步加强畜禽屠宰检验检疫和畜禽产品进入市场或者生产加工企业后监管工作的意见》（农医发〔2015〕18号）

[5]《农业部　食品药品监管总局关于加强食用农产品质量安全监督管理工作的意见》（农医发〔2014〕14号）

[6]《生猪屠宰厂（场）监督检查规范》（农医发〔2016〕14号）

[7]《生猪屠宰肉品品质检验规程（试行）》（农业农村部公告第637号）

[8]《生猪屠宰成套设备技术条件》（GB/T 30958—2014）

[9]《农业农村部关于印发<生猪产地检疫规程>等22个动物检疫规程的通知》（农牧发〔2023〕16号）

[10]《畜禽屠宰操作规程　生猪》（GB/T 17236—2019）

[11]《食品安全国家标准　食品生产通用卫生规范》（GB 14881—2013）

[12]《猪肉等级规格》（NY/T 1759—2009）

[13]《畜禽屠宰冷库管理规范》（NY/T 3225—2018）

[14]《中央储备肉冻肉储存冷库资质条件》(SB/T 10408—2013)
[15]《食品安全国家标准　食品接触材料及制品通用安全要求》(GB 4806.1—2016)
[16]《畜禽产品包装与标识》(NY/T 3383—2020)
[17]《鲜、冻猪肉及猪副产品　第4部分:猪副产品》(GB/T 9959.4—2019)
[18]《生活饮用水卫生标准》(GB 5749—2022)
[19]《畜禽屠宰企业消毒规范》(NY/T 3384—2021)
[20]《绿色食品　畜肉》(NY/T 2799—2015)
[21]《猪屠宰与分割车间设计规范》(GB 50317—2009)